智能系统与技术丛书

基于NLP的内容理解

李明琦 谷雪 孟子尧◎著

Content Understanding with NLP

图书在版编目（CIP）数据

基于 NLP 的内容理解 / 李明琦，谷雪，孟子尧著 . —北京：机械工业出版社，2023.1
（智能系统与技术丛书）
ISBN 978-7-111-72069-0

I. ①基…　II. ①李… ②谷… ③孟…　III. ①自然语言处理　IV. ① TP391

中国国家版本馆 CIP 数据核字（2023）第 002536 号

基于 NLP 的内容理解

出版发行：机械工业出版社（北京市西城区百万庄大街 22 号　邮政编码：100037）
策划编辑：杨福川　　责任编辑：杨福川
责任校对：丁梦卓　王明欣　　责任印制：常天培
印　刷：北京铭成印刷有限公司　　版　次：2023 年 3 月第 1 版第 1 次印刷
开　本：186mm × 240mm　1/16　　印　张：15.75
书　号：ISBN 978-7-111-72069-0　　定　价：99.00 元

客服电话：（010）88361066　68326294

PREFACE

前　言

为何写作本书

随着人工智能的蓬勃发展，大量应用场景中都会涉及文本的内容理解技术。由于场景不同，目前文本内容理解没有统一的模板，解决起来并不容易。市场上有各种各样的机器学习、深度学习、自然语言处理等资料，但是都没有与业务场景紧密地联系起来，即使有联系也很笼统，并没有涉及实际业务场景中非常琐碎的细节问题。而只有把这些细节问题解决好，才能更好地发展业务。同时，市面上从问题的角度讲解算法等相关知识的书很少，而在业务场景中更多的是通过简单且匹配的技术解决业务问题。所以，我想把如何从问题的角度拆解问题，然后通过匹配的技术解决业务问题的方法分享给大家。

在很多人眼里，写书是一件很困难的事情。不过我很想挑战一下，想在这种痛苦的“煎熬”之后，“榨干”自己的思想，交上一份满意的答卷。而且我一直坚信写书是一件非常有意义的事情，不仅能将自己积淀的知识固化下来，还能在回顾技术的过程中闪现更多新的想法。最最重要的是，我觉得把自己的技术经验、业务经验、深度思考等分享给更多的人，让更多的人可以站在前人的经验上继续前行，是一件无私且伟大的事情。

这本书是我和自己读研时期的挚友共同完成的。写书不仅加深了我们之间的友谊，还让我们更加坚信，科技可以改变世界。

本书读者对象

1）统计学及相关专业的学生、IT从业者。本书的初衷是帮助从业者及相关专业的学生——拥有大量理论知识却缺乏实战经验的人员，将理论知识和实践联动起来，以更好地解决业务问题，达到对算法、技术、业务场景中的问题知其然且知其所以然的目的。

2）信息科学和计算机科学爱好者。对于信息科学和计算机科学爱好者来说，本书也是一本全面了解人工智能领域的应用、技术、场景的指南，书中没有太多晦涩难懂的数学公式，而是通过业务中的问题思考技术的使用。

3）人工智能相关专业的研究人员。

本书主要内容

自然语言处理的目的是让计算机能够理解人类的语言。本书旨在从文本内容理解的角度入手，详细介绍文本特征表示、内容重复理解、内容通顺度识别及纠正、内容质量、标签体系、文本摘要生成及文本纠错等内容。本书采用以应用贯穿始终的方式进行相关技术的介绍和说明。

具体来说，本书主要从以下几个方面介绍自然语言处理中的相关技术及其应用。

第 1 章详细介绍了文本特征的表示方法，包括离散型特征表示方法与分布型特征表示方法，以及词向量的评判标准。

第 2 章主要从应用的角度介绍了标题、段落和文章重复三种场景以及三种场景的具体实现。

第 3 章介绍了数据增强方法、句子通顺度识别方法以及纠正不通顺内容的方法。

第 4 章从应用的角度详细介绍了知识问答质量体系的搭建方法，方便大家后续在业务中快速实践。

第 5 章主要讲述了标签体系的原理及构建过程中用到的 3 种主要算法。

第 6 章介绍了文本摘要生成中两类流行的方法，包括抽取式文本摘要和生成式文本摘要，还介绍了文本摘要的几种常用数据集以及文本摘要的评价方法。

第 7 章介绍了文本中错误的类型、来源，文本纠错常用的方法与框架，并介绍了常用的文本纠错工具的安装以及使用方法。

本书内容特色

本书的特色在于详细且全面地介绍了目前流行的 NLP 算法，给出了丰富的理论知识，并结合代码进行讲解，以带领读者更好地理解算法。另外书中还介绍了如何在实际业务中高效地解决问题，使读者站在更高的角度，更加全面且具体地了解 NLP 技术。

资源和勘误

由于作者水平有限，书中难免存在一些错误或者不准确的地方，恳请读者批评指正。读者可通过发送电子邮件到 617803337@qq.com 反馈建议或意见。

致谢

感谢家人对我的理解和支持。当我有出版一本书的想法的时候，他们一直鼓励我，相信我是在做一件非常有意义的事情。

感谢我的挚友谷雪、孟子尧、张朋莉愿意和我一起做这件有趣的事情。在与大家合作的过程中我成长了很多。

感谢颖颖老师对我的厚爱，范红星对我的陪伴，感谢我生命中的所有老师及让我成长的人。

感谢机械工业出版社的出版工作者。有了大家的辛勤付出，本书才得以顺利面世。

这本书是友谊、工作以及科研成果的结晶，也是我们并肩作战的见证，希望它可以将我们的实践经验、科研经验固化下来，帮助更多的人少走弯路，更快地成长。

谨以此书献给我们的青春，献给热爱算法并为之奋斗的朋友们。因为相信，所以坚定。

李明琦

CONTENTS

目录

CHAPTER 1

第1章 文本特征表示

机器能与人类交流吗？能像人类一样理解文本含义吗？这是广大学者对人工智能最初的疑问。目前，自然语言处理（Natural Language Processing，NLP）技术的出现回答了这个问题。NLP技术可以充当人类和机器沟通的桥梁。环顾周遭的生活，我们随时可以享受到NLP技术（如语音识别、机器翻译、问答系统等）带来的便利。比如在日常生活中，我们可以喊“小度小度”帮我们播放音乐，打开电灯。这一切便利都得益于NLP技术的高速发展。

NLP是人工智能领域一个十分重要的研究方向，NLP研究的是实现人与计算机之间用自然语言进行有效沟通的各种理论和方法。NLP的地基就是文本特征表示，文本特征表示也是处理所有文本任务最基础的环节，无论内容理解、分类、聚类还是摘要提取任务，都需要将原始文本数据转换为文本特征。本章将着重介绍几种文本特征的表示方法及其使用场景。

1.1 语料与语料预处理

在正式讲解文本特征表示方法之前，我们将简单介绍语料是什么，如何处理语料以及如何构建语料库，之后再循序渐进地介绍NLP中的文本特征表示方法。

1.1.1 语料和语料库

语料是NLP任务的数据来源，所有带有文字描述性的文本都可以看作语料。一个文本可以由一个或多个句子组成，其中每一个句子都可以称为语料。

语料库是存放在计算机里的原始语料文本或经过加工后带有语言学信息标注的语料文本。为了方便理解，可以将语料库看作一个数据库，我们可以从语料库中提取语言数据，并对其进行分析、处理。

实际上，语料库有三个特征：一是语料库中存放的是真实出现过的语言材料；二是语料库是以计算机为载体承载语言知识的基础资源；三是真实语料需要经过分析、处理和加工才能成为有用的资源。在人工智能的发展过程中，我们经常使用的语料库有中文分词语料库、词性标注语料库、命名实体识别语料库、句法分析语料库、情感分析语料库等。

1.1.2　语料预处理

原始文本无法直接用于模型的训练，需要经过一系列的预处理，才能符合模型输入的要求。语料预处理的方法主要包括语料清洗、分词、词性标注、去停用词等，接下来依次展开介绍。

1. 语料清洗

语料清洗即保留原始语料中有用的数据，删除噪声数据。在实际的应用场景中，特殊字符、不可见字符或者格式不正确的字符都不利于后续模型的训练。常见的清洗方式有人工去重、对齐、删除、标注等。

以下面的文本为例，该文本中不仅包含中文字符，还包含标点符号等非常规字符，这些字符对于我们来说都是没有意义的信息，需要对其进行清洗。

```
??自然语言处理，是计算机科学领域与人工智能领域中的一个重要方向．
它研究能实现人与计算机之间用“自然语言”进行有效通信的各种理论和方法。
```

对于上述情况，可以使用正则表达式对文本进行清洗，具体的Python实现代码为：

```
import re
text = '??自然语言处理，是计算机科学领域与人工智能领域中的一个重要方向．它研究能实现人与计
    算机之间用“自然语言”进行有效通信的各种理论和方法。'
result = re.sub(r'[^\u4e00-\u9fa5]', ' ', text)
print(result)
```

清洗后的结果为：

自然语言处理 是计算机科学领域与人工智能领域中的一个重要方向 它研究能实现人与计算机之间用 自然语言 进行有效通信的各种理论和方法

除了需要清洗上述提到的各种形式的符号外，噪声数据还包括重复的文本、错误、缺失、异常等，这些都属于语料清洗的范畴。只有数据清洗得干净，才能为模型的训练扫清障碍。

2. 分词

分词是指将连续的自然语言文本切分成具有完整性和语义合理性的词汇序列的过程，而词是语义最基本的单元。分词是文本分类、情感分析、信息检索等众多自然语言处理任务的基础。常用的分词方法可分为基于规则和基于统计两种，其中基于统计的分词方法的样本来自标准的语料库。

例如这个句子：小明住在朝阳区。我们期望语料库统计后的分词结果是"小明 / 住在 / 朝阳 / 区"，而不是"小明 / 住在 / 朝 / 阳区"。那么如何做到这一点呢？

基于统计的分词方法，我们可以借助条件概率分布来解决这个问题。对于一个新的句子，我们可以通过计算各种分词方法对应的联合分布概率，找到最大概率对应的分词方法，即最优分词。

到目前为止，研究者已经开发出许多分词实用小工具，如表 1-1 所示。如果对分词没有特殊需求，可以直接使用这些分词工具。如果想要语料中的一些特定词不分开，可以设置自定义词典。

表 1-1　分词工具总览

分词工具	支持语言	分词	词性标注	命名实体识别
HanLp	Java、C++、Python	√	√	√
Jieba	Java、C++、Python	√	√	√
FudanNLP	Java	√	√	√
LTP	Java、C++、Python	√	√	√
THULAC	Java、C++、Python	√	√	×
NLPIR	Java	√	√	√
BosonNLP	REST	√	√	√

（续）

分词工具	支持语言	分词	词性标注	命名实体识别
百度 NLP	REST	√	√	√
阿里云 NLP	REST	√	√	√

3. 词性标注

词性标注是指为分词结束后的每个词标注正确词性，即确定每个词是名词、动词、形容词或其他词性的过程。

词性标注有两个作用。一是消除歧义。一些词在不同语境下或使用不同用法时表达的含义不同，比如在“这只狗狗的名字叫开心”和“我今天很开心”这两个句子中，“开心”就代表了不同的含义。我们可以通过词性标注对有歧义的词进行区分。二是强化基于单词的特征。机器学习模型可以提取一个词很多方面的信息，如果一个词已经标注了词性，那么使用该词作为特征就能提供更精准的信息。还是以上句为例，原始文本为“这只狗狗的名字叫开心”和“我今天很开心”，单词在文本中出现的次数为 [(这 , 1), (只 , 1), (狗狗 , 1), (的 , 1), (名字 , 1), (叫 , 1), (开心 , 2), (我 , 1), (今天 , 1), (很 , 1)]，带标注的单词在文本中出现的次数为 [(这 _r, 1), (只 _d, 1), (狗狗 _n, 1), (的 _uj, 1), (名字 _n, 1), (叫 _v, 1), (开心 _n, 1), (我 _r, 1), (今天 _t, 1), (很 _zg, 1), (开心 _v, 1)]，其中 r 表示代词，d 表示副词，n 表示名词，uj 表示结构助词，v 表示动词，t 表示时间词，zg 表示状态词。在这个案例中，如果不进行词性标注，两个“开心”会被看作同义词，其词频被错误识别为 2，这会为后续的语义分析引入误差。此外，词性标注还具有标准化、词形还原和移除停用词的作用。

常用的词性标注方法可分为基于规则和基于统计两种，如最大熵词性标注、隐含马尔可夫模型（Hidden Markov Model，HMM）词性标注等。

4. 去停用词

人类在接收信息时，都会下意识地过滤掉无效的信息，筛选有用的信息。对于 NLP 来说，去停用词就是一种类比人类过滤信息的操作。那什么是停用词呢？停用词实际上是一些对文本内容无关紧要的词。

在一篇文章中，无论中文还是英文，通常会包含一些起到连接作用的连词、虚词、语气词等词语。这些词语并不是关键信息，比如“的”“吧”“啊”“uh”“yeah”“the”“a”

等，对文本分析没有太多实质性的帮助。删除这些词并不会对我们任务的训练产生负面影响，反而会在一定程度上让数据集的变小，较少训练时间。

但是，停用词的去除对我们的训练任务来说并不总是有益的。比如我们正在训练一个可以用于情感分析任务的模型，训练影评为“ The movie was not good at all.”，情感类别是负面；对该影评进行去停用词操作后变为“movie good”。我们可以清楚地看到这部电影的原始评论是负面的，然而在去掉停用词后，评论变成正向的了。对于该任务来说，去停用词操作是有问题的。

因此，在对 NLP 任务的语料进行预处理时，我们应该谨慎地决定是否进行去停用词操作，该去除哪类停用词。目前常用的停用词表有中文停用词表 cn_stopwords.txt，哈工大停用词表 hit_stopwords.txt，百度停用词表 baidu_stopwords.txt 和四川大学机器智能实验室停用词表 scu_stopwords.txt。对于英文数据来说，我们可以借助常用的删除英文停用词的库，如自然语言工具包（NLTK）、SpaCy、Gensim、Scikit-Learn。

5. 词频统计

词频统计即统计分词后文本中词语的出现次数，也就是该词语出现的频率，目的是找出对文本影响最大的词汇，这是文本挖掘中常用的手段。统计词频可以帮助我们了解文章的重点内容，辅助后续模型的构建。比如我们可以统计《红楼梦》中词频在前 10 的词语，结果如表 1-2 所示。

表 1-2 《红楼梦》的词频统计

序号	关键词	词频
1	宝玉	4004
2	什么	1824
3	贾母	1690
4	凤姐	1743
5	也不	1451
6	宝钗	1089
7	怎么	1027
8	王夫人	1080
9	那里	1178
10	听了	1052

从表 1-2 中，我们可以清楚地发现，在《红楼梦》中曹雪芹对宝玉、贾母、凤姐、宝钗、王夫人等人物描述的篇幅最多，这几个人物也是《红楼梦》中的关键人物。通过词频的统计结果，我们可以很容易地掌握文本中的一些关键信息。

1.2　文本特征表示方法

文本特征表示就是把文字表示成计算机能够运算的数字或者向量。在机器学习问题中，我们从训练数据集中学习到的其实就是一组模型的参数，然后通过学习得到的参数确定模型的表示，最后用这个模型进行后续的预测或分类等任务。在模型训练过程中，我们会对训练数据集进行抽象、抽取大量特征，其中既有离散型特征，也有连续型特征。针对不同类型的数据，常用的文本特征表示方法有离散型特征表示方法和分布型特征表示方法。

1.2.1　离散型特征表示方法

简单来看，离散型数据是可数的，其变量值可以按照一定的顺序一一列举。离散特征的数值只能用自然数表示，包括个数、人数、年龄、城市等。在机器学习中，对于离散型的数据，我们常使用独热编码、词袋模型和 TF-IDF 进行特征表示。

1. 独热编码特征表示

独热编码（One-Hot Encoding）又称一位有效编码，其方法是使用 N 位状态寄存器对 N 个状态进行编码，每个状态都有独立的寄存器位，并且在任何时候，独热编码都只有一位有效，即只有一位是一，其余都是零。独热编码是机器学习中的“万金油”，任何非数值类型的数据都可以直接或间接地进行独热编码。下面结合具体例子对独热编码进行阐述。

对于性别特征，按照 N 位状态寄存器对 N 个状态进行编码后的结果为：男 : [1, 0] 女 : [0, 1]，这里 N=2。

对下面的语料进行独热编码：

```
John likes to watch movies. Mary likes too.
John also likes to watch football games.
```

针对上述语料，我们要确认该语料需要多少个状态寄存器，实际上就是统计语料中出现过的单词数。该案例的 N=10，该语料构造的词典为：

```
{ "John": 1, "likes": 2, "to": 3, "watch": 4, "movies": 5, "also": 6, "football":
    7, "games": 8, "Mary": 9, "too":10 }
```

该语料的独热编码结果为：

```
John: [1, 0, 0, 0, 0, 0, 0, 0, 0, 0]
likes: [0, 1, 0, 0, 0, 0, 0, 0, 0, 0]
to: [0, 0, 1, 0, 0, 0, 0, 0, 0, 0]
watch: [0, 0, 0, 1, 0, 0, 0, 0, 0, 0]
movies: [0, 0, 0, 0, 1, 0, 0, 0, 0, 0]
also: [0, 0, 0, 0, 0, 1, 0, 0, 0, 0]
football: [0, 0, 0, 0, 0, 0, 1, 0, 0, 0]
games: [0, 0, 0, 0, 0, 0, 0, 1, 0, 0]
Mary: [0, 0, 0, 0, 0, 0, 0, 0, 1, 0]
Too: [0, 0, 0, 0, 0, 0, 0, 0, 0, 1]
```

具体可以采用 sklearn（scikit-learn）中的 OneHotEncoder 实现，代码如下：

```
from sklearn.feature_extraction import DictVectorizer
from sklearn import preprocessing
import csv

def DataProgress(file):
    """
    函数说明：将符号特征转换为独热向量特征
    返回值：向量特征，向量标签
    """
    with open(file, 'r') as fr:
        data_csv=csv.reader(fr)
        headers=next(data_csv)   #获取文件的第一行头文件
        featureList=[]  #特征列表
        labelList=[]    #标签列表
        for row in data_csv:
            labelList.append(row[-1])  #将标签数据添加到标签列表里
            rowDict={}
            for i in range(1,len(row)-1):
                rowDict[headers[i]]=row[i]
            featureList.append(rowDict)
```

```
        #特征转换为向量
        vec_features=DictVectorizer()
        vector_X=vec_features.fit_transform(featureList).toarray()
        #标签转换为向量
        vec_lbels=preprocessing.LabelBinarizer()
        vector_Y=vec_lbels.fit_transform(labelList)

        return vector_X, vector_Y


if __name__=='__main__':
    file='data.csv'
    features,labels=DataProgress(file)
    print(features)
    print(labels)
# data.csv 的数据格式如下:
ID,age,income,student,credit_rating,class_buys
1,youth,high,no,fair,no
2,middle,high,no,excellent,yes
3,youth,medium,yes,fair,no
4,senior,high,yes,excellent,yes
```

其结果如图1-1所示。

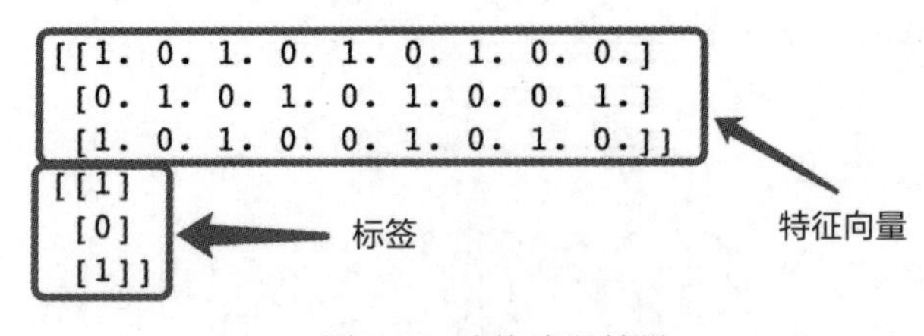

图1-1　独热编码结果

独热编码的优缺点分析如下。

优点如下：独热编码为分类器处理离散型数据提供了方法，且能在一定程度上扩充样本特征数。

缺点如下：

1）当类别数量很多时，特征空间会很大，如当整个语料库中含有1000万个单词时，其独热编码维度为 1000 万，这就导致了维度爆炸，在这种情况下，一般可以使用 PCA 方法来减少特征维度；

2）该编码方法无法衡量不同词之间的相似关系，比如“i”和“me”的语义十分相似，但在独热编码中表示为两个完全不同的向量；

3）该编码只能反映某个词是否在句子中出现，无法衡量不同词在句子中的重要程度；

4）独热编码不考虑词与词之间的顺序；

5）独热编码得到的结果是高维稀疏矩阵，会浪费大量的计算资源和存储空间。

2. 词袋模型特征表示

词袋（Bag Of Word，BOW）模型是指假设文本中的每个词都是独立的，仅使用词在文章中出现的频率决定词表达，并将每个词的表达进行简单的组合后来表示整个文本。词袋模型也称为计数向量表示，它不考虑语序和词法信息。接下来我们通过一个例子来详细讲解词袋模型的原理。假设有如下 3 篇简短文章：

```
1、今天 我们 去 唱歌 明天 我们 去 爬山
2、我们 去 爬山
3、小明 喜欢 打球
```

首先，我们需要构建词袋，即将文章中的所有词提取出来放在一个袋子中：

```
dict = ['今天', '唱歌', '喜欢', '小明', '我们', '打球', '明天', '爬山']
```

共得到包含 8 个词的词袋，所以把每篇文章的维度固定为 8。接下来我们需要统计词频，对词袋中的每个词统计其在文章中出现的频率，并按顺序一一记录，如文章 1 中，“今天”出现 1 次，“唱歌”出现 1 次，“喜欢”出现 0 次，“小明”出现 0 次，“我们”出现 2 次，“打球”出现 0 次，“明天”出现 1 次，“爬山”出现 1 次。因此，3 篇文章的编码结果为：

```
1、[1 1 0 0 2 0 1 1]
2、[0 0 0 0 1 0 0 1]
3、[0 0 1 1 0 1 0 0]
```

观察得到的结果：横向来看，我们将每条文本都表示成一个向量；纵向来看，不同

文档中单词的个数可以构成某个单词的词向量。可以采用 sklearn 中的 CountVectorizer 函数实现，代码如下所示：

```
from sklearn.feature_extraction.text import CountVectorizer
corpus = ['今天 我们 去 唱歌，明天 我们 去 爬山',
          '我们 去 爬山',
          '小名 喜欢 打球']
vec=CountVectorizer()
X = vec.fit_transform(corpus)
print(X.toarray())
```

词袋模型表示方法的优缺点分析如下。

优点如下：词袋模型除了考虑都有哪些词在文本中出现外，还考虑了词语出现的频次，用出现词语的频次来突出文本主题，进而表示文本的语义，简单快捷，易于理解。

缺点如下：

1）向量稀疏度较高，当词袋较大时，容易产生维度爆炸现象。这主要是因为词袋模型表示方法是对整个文档进行编码，但大多数情况下，一个文档中所包含的单词数是远小于整个语料库中所含单词数的；

2）词袋模型表示方法忽略了词的位置信息，而位置信息可以体现不同词之间的前后逻辑性；

3）该表示方法只能统计词语在文本中出现的频次，不能衡量每个词的重要程度，如存在大量的语气助词、虚词等却对语义理解没有实质性的帮助；

4）词袋模型假设文本中词与词之间相互独立，上下文没有关联性，有悖人类语言规律。

3. TF-IDF 特征表示

TF-IDF（词频 – 逆文档频率）是文本处理中常用的一种统计方法，该方法可以评估一个单词在文档中的重要程度。单词的重要性与它在当前文本中出现的频率成正比，与它在语料库的其他文本中出现的频率成反比。TF-IDF 的分数代表了单词在当前文档和整个语料库中的相对重要性。TF-IDF 由两部分组成：第一部分是词频（Term Frequency，TF），第二部分是逆文档频率（Inverse Document Frequency，IDF）。

TF：关键词 w 在文档 D_i 中出现的频率，公式如下。

$$\mathrm{TF}_{w, D_i} = \frac{\mathrm{count}(w)}{|D_i|}$$

其中，$\mathrm{count}(w)$ 为关键词 w 在文档 D_i 中出现的次数，$|D_i|$ 为文档 D_i 中所有词的数量。

DF（Document Frequency，文档频率）：表示关键词 w 在其他文档中出现的频率。

$$\mathrm{DF}_{w, D_{not\ i}} = \frac{\mathrm{count}(w)}{|D_{not\ i}|}$$

IDF：反映关键词的普遍程度，当一个词越普遍，也就是有大量文档包含这个词时，其 IDF 值就会越低，这就意味着该单词的重要性不高，反之，IDF 值越高，该单词的重要性越高。

$$\mathrm{IDF}_w = \log \frac{N}{\sum_{i=1}^{N} I(w, D_i)}$$

注意，在 IDF 计算公式中，由于对数函数的底数无论是多少均不影响数值的变化趋势，所以书中不再标注底数，统一用 log 形式。其中，N 为语料库中的文档总数，$I(w, D_i)$ 表示文档 D_i 是否包含关键词，若包含则为 1，不包含则为 0。但在一些特殊情况下，IDF 公式可能会有一些小问题，比如某一个生僻词在我们的语料库中没有出现过，那么 IDF 公式中的分母就为 0，IDF 就没有意义了。因此，需要对 IDF 进行平滑处理，在分母位置加 1，保证其不为 0：

$$\mathrm{IDF}_w = \log \frac{N}{1 + \sum_{i=1}^{N} I(w, D_i)}$$

关键词 w 在文档 D_i 中的 TF-IDF 值为：

$$\text{TF-IDF}_{w, D_i} = \mathrm{TF}_{w, D_i} \times \mathrm{IDF}_w$$

一个单词的 TF-IDF 值越大，意味着该单词越重要。接下来通过一个简单的例子演示如何计算TF-IDF。

```
句子1: 今天 上 NLP 课程
句子2: 今天 的 课程 有 意思
句子3: 数据 课程 也 有 意思
```

上述语料库的词典为[今天,上,NLP,课程,的,有,意思,数据,也]，该词典的长度为9。由TF-IDF的公式求得每个句子的TF-IDF向量表示如下：

句子1：

$$S_1=\left(\frac{1}{4}\times\log\frac{3}{2},\frac{1}{4}\times\log\frac{3}{1},\frac{1}{4}\times\log\frac{3}{1},\frac{1}{4}\times\log\frac{3}{3},0,0,0,0,0\right)$$

句子2：

$$S_2=\left(\frac{1}{5}\times\log\frac{3}{2},0,0,\frac{1}{5}\times\log\frac{3}{3},\frac{1}{5}\times\log\frac{3}{1},\frac{1}{5}\times\log\frac{3}{1},\frac{1}{5}\times\log\frac{3}{2},\ \frac{1}{5}\times\log\frac{3}{2},0,0\right)$$

句子3：

$$S_3=\left(0,0,0,\frac{1}{5}\times\log\frac{3}{3},0,\frac{1}{5}\times\log\frac{3}{2},\frac{1}{5}\times\log\frac{3}{2},\frac{1}{5}\times\log\frac{3}{1},\frac{1}{5}\times\log\frac{3}{2}\right)$$

当然，我们也可以直接借助sklearn库中的TfidfVectorizer实现TF-IDF的计算，其实现代码如下：

```
from sklearn.feature_extraction.text import TfidfVectorizer
document = ["i come from china.","hello world world world word."]
tfidf_model = TfidfVectorizer().fit(document)
sparse_result = tfidf_model.transform(document)
print("======== 稀疏矩阵表示法 ========")
print(sparse_result)
print("======== 稠密矩阵表示法 ========")
print(sparse_result.todense())
print("======== 词汇编号 ========")
print(tfidf_model.vocabulary_)

output:
```

```
======== 稀疏矩阵表示法 ========
    (0, 2) 0.5773502691896257
    (0, 1) 0.5773502691896257
    (0, 0) 0.5773502691896257
    (1, 5) 0.9045340337332909
    (1, 4) 0.30151134457776363
    (1, 3) 0.30151134457776363
======== 稠密矩阵表示法 ========
[[0.57735027 0.57735027 0.57735027 0.         0.         0.        ]
 [0.         0.         0.         0.30151134 0.30151134 0.90453403]]
======== 词汇编号 ========
{'come': 1, 'from': 2, 'china': 0, 'hello': 3, 'world': 5, 'word': 4}
```

TF-IDF 的优点如下：TF-IDF 特征表示方法除了考虑有哪些词在文本中出现外，还考虑单词出现的频率以及单词在整个语料库上的频率倒数。单词出现的词频可以突出文本的主题，单词的逆文档频率可以突出文档的独特性，进而反映文本的语义。此外，TF-IDF 简单快速，结果比较符合实际。

TF-IDF 的缺点如下：TF-IDF 只考虑了单词的词频，忽略了词与词的位置关系，例如在提取关键词时，词的位置信息起到至关重要的作用，如文本的标题、文本的首句和尾句等包含比较重要的内容，应该赋予较高的权重。TF-IDF 假定词与词之间是相互独立的，忽略了文本的上下文信息。此外，TF-IDF 严重依赖语料库的选取，很容易将生僻词的重要性放大。同时，TF-IDF 得到的向量稀疏度较高，会浪费大量的计算资源和存储空间。

1.2.2　分布型特征表示方法

离散型特征表示方法虽然实现了文本的向量表示，但是离散型特征表示方法仅仅是对单词进行符号化，不包含任何语义信息。如何将语义信息融入词表示中呢？Harris 和 Firth 先后对分布假说进行定义和完善，提出上下文相似的词的语义信息也是相似的，这也就是说单词的语义信息是由单词的上下文决定的。基于该假说，研究者提出了分布型特征表示方法。分布型表示是指一种稠密的、低维度向量化的单词表示方法。假设我们有苹果、香蕉和梨三种水果，我们希望将这三个词转化为程序可以识别的向量。离散型特征表示方法会有如下转换：苹果 = [1, 0, 0]，香蕉 = [0, 1, 0]，梨 = [0, 0, 1]。可以看出每种水果对应了向量中的某一位，其余位是 0。如果水果种类增加了，离散型特征表示方法需要增加向量的维度。而使用分布型特征表示方法表示三个词的向量为：苹果 = [0.2, 0.3, 0.3]，香蕉 = [−0.9, 0.8, −0.2]，梨 = [0.9, 0.1, −0.1]。

在详细介绍词的分布型特征表示方法之前，我们需要先了解 NLP 中的一个关键概念：语言模型（Language Model，LM）。语言模型是一种基于概率的判别模型，它的输入是一句话（单词的顺序序列），输出是这句话出现的概率，即这些单词的联合概率。假设我们有一个由 n 个词组成的句子 $S=(w_1, w_2, \cdots, w_n)$，如何衡量它的概率呢？我们假设每个单词 w_i 都依赖第一个单词 w_1 到它之前的一个单词 w_{i-1} 的影响：

$$P(S)=P(w_1, w_2, \cdots, w_n)=P(w_1)P(w_2|w_1)\cdots P(w_n|w_{n-1}, \cdots, w_2w_1)$$

常见的分布型特征表示方法有 N-gram、Word2Vec、GloVe、ELMo、BERT 等，下面会进行重点讲解。

1. N-gram

N-gram 是一种语言模型，也是一种生成型模型。N-gram 是一种类似于联想的方法，它的特点是：某个词的出现依赖于其他若干个词，且我们获得的信息越多，预测越准确。

假定文本中的每个词 w_i 和前面 $N-1$ 个词有关，而与更前面的词无关，这种假设被称为 $N-1$ 阶马尔可夫假设。N-gram 模型假设第 n 个词的出现仅与前面的 $n-1$ 个词相关，而与其他任何词都不相关，整句的概率就是各个词出现概率的乘积。每个词的概率都可以通过从语料库中直接统计该词出现的次数而得到。

$$P(w_1, w_2, \cdots, w_n)=\prod_{i=1}^{n} P(w_1 \mid w_{i-1}, \cdots, w_2, w_1) \approx \prod_{i=1}^{n} P(w_i \mid w_{i-1}, \cdots, w_{i-N+1})$$

如果仅依赖前一个词，即 $N=2$，就是 Bi-gram（也被称为一阶马尔可夫链）：

$$P(S)=P(w_1, w_2, \cdots, w_n)=P(w_1)P(w_2 \mid w_1)\cdots P(w_n \mid w_{n-1})$$

如果仅依赖前两个词，即 $N=3$，就是 Tri-gram（也被称为二阶马尔可夫链）：

$$P(S)=P(w_1, w_2, \cdots, w_n)=P(w_1)P(w_2 \mid w_1)P(w_3 \mid w_2, w_1)\cdots P(w_n \mid w_{n-1}, w_{n-2})$$

还有 Four-gram、Five-gram 等，不过 $N>5$ 的应用很少见。常用的是 Bi-gram（N=2）和 Tri-gram（N=3）。

N-gram 与词袋模型原理类似，词袋模型利用一个字或者词进行装袋，而 N-gram 利用滑动窗口的方式选择 N 个向量的字或者词进行装袋。Bi-gram 将相邻两个单词编上索引，Tri-gram 将相邻三个单词编上索引，N-gram 将相邻 N 个单词编上索引，一般可以按照字符级别和词级别进行 N-gram 特征表示。

接下来说说它们的区别。举个例子。

```
1. 中文：今天 / 天气 / 真不错（/ 表示分词）
2. 英文：it / is / a / good / day
```

中文中的字词与英语中的字词有些区别。具体来说，在中文中，“今天”“天气”“真不错”表示词，“今”“天”“气”表示字；在英语中，it、is、a、good、day 表示词，i、t、s、a 等字符表示中文中的字。

针对这个案例，按照字符级别列出 Bi-gram，可以得到如下内容。

中文：今天、天天、天气、气真、真不、不错。英文：it、ti、is、sa、ag、go、oo、od、dd、da、ay。

按词级别列出 Bi-gram，可以得到如下内容。

中文：今天天气、天气真不错。英文：it is、is a、a good、good day。

在实际应用中，结果可能会出现细微的差距，比如本案例得出的结果会将空格包括进去：it is。在字符级别上的 Bi-gram 表示结果就是：it、t 空格、空格 i、is。

N-gram 特征表示可以借助 sklearn 库中的 CountVectorizer 函数实现。词级别如下：

```
from sklearn.feature_extraction.text import CountVectorizer
"""
corpus 列表中有 4 篇文档，每一句话看作一篇文档
"""
```

```
corpus=[
    'This is the first document.',
    'This is the second document',
    'And the third one.',
    'Is this the first document?',
]
bigram_vec=CountVectorizer(ngram_range=(1,2),analyzer = "word")
# 参数 analyzer = "char" or "word" 控制 N-gram 得到的字 / 词级别向量
x=bigram_vec.fit_transform(corpus).toarray()
print(x)
features=bigram_vec.get_feature_names()
print(features)
```

输出如下：

```
# 词级别输出
[[0 0 1 1 1 1 1 0 0 0 0 0 1 1 0 0 0 0 1 1 0]
 [0 0 1 0 0 1 1 0 0 2 1 1 1 0 1 0 0 0 1 1 0]
 [1 1 0 0 0 0 0 0 1 0 0 0 1 0 0 1 1 1 0 0 0]
 [0 0 1 1 1 1 0 1 0 0 0 0 1 1 0 0 0 0 1 0 1]]
['and', 'and the', 'document', 'first', 'first document', 'is', 'is the', 'is
    this', 'one', 'second', 'second document', 'second second', 'the', 'the
    first', 'the second', 'the third', 'third', 'third one', 'this', 'this
    is', 'this the']
# 字级别输出
[[4 1 1 1 0 0 1 1 0 0 0 1 0 1 1 0 1 2 1 0 0 1 1 1 2 1 1 3 1 2 1 1 1 0 0 1
  1 1 0 1 0 1 3 2 0 1 4 1 1 0 2 1 1]
 [5 1 0 1 0 2 1 0 0 0 0 3 2 1 3 2 1 4 1 0 2 1 0 0 2 1 1 2 0 2 1 1 3 2 0 1
  3 1 2 0 0 0 4 2 2 0 3 0 0 0 2 1 1]
 [3 0 0 0 1 0 2 1 0 1 1 0 0 0 2 2 0 2 1 1 0 0 0 0 2 1 1 1 1 0 0 0 2 1 1 0
  1 0 1 1 1 0 0 0 0 0 2 0 0 0 2 0 0]
 [4 1 1 0 0 0 2 0 1 0 0 1 0 1 1 0 1 2 1 0 0 1 1 1 2 1 1 3 1 2 1 1 1 0 0 1
  1 1 0 1 0 1 3 2 0 1 4 1 0 1 2 1 1]]
[' ', ' d', ' f', ' i', ' o', ' s', ' t', '.', '?', 'a', 'an', 'c', 'co',
    'cu', 'd', 'd ', 'do', 'e', 'e', 'e.', 'ec', 'en', 'f', 'fi', 'h', 'he',
    'hi', 'i', 'ir', 'is', 'm', 'me', 'n', 'nd', 'ne', 'nt', 'o', 'oc', 'on',
    'r', 'rd', 'rs', 's', 's', 'se', 'st', 't', 't', 't.', 't?', 'th', 'u',
    'um']
```

注意，N-gram 产生的特征只是作为文本特征的候选集，后面可能需要用到信息熵、卡方统计、IDF 等文本特征选择方式筛选出比较重要的特征。

2. Word2Vec

语言模型不需要人工标注语料（属于自监督模型），所以语言模型能够从无限制的大规模语料中学习到丰富的语义知识。为了缓解 N-gram 模型估算概率时遇到的数据稀疏问题，研究者们提出了神经网络语言模型（Neural Network Language Model，NNLM）。

Word2Vec 作为神经概率语言模型的输入，其本身其实是神经概率模型的副产品，是神经网络在学习语言模型时产生的中间结果。Word2Vec 包含连续词袋（Continuous Bag Of Word，CBOW）和 Skip-gram 两种训练模型，如图 1-2 所示。其中 CBOW 是根据上下文预测当前值，相当于一句话随机删除一个词，让模型预测删掉的词是什么；而 Skip-gram 是根据当前词预测上下文，相当于给出一个词，预测该词的前后是什么词。

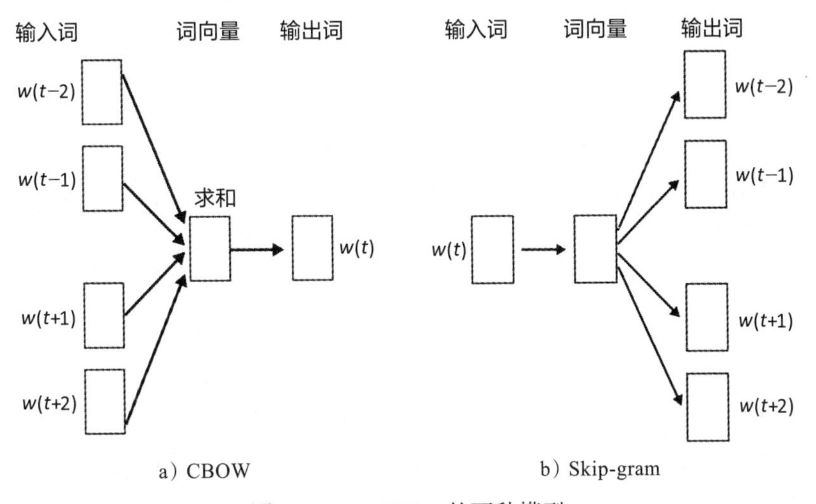

图 1-2　Word2Vec 的两种模型

Word2Vec 的优势在于它会考虑到词语的上下文，可以学习到文本中的语义和语法信息，并且得到的词向量维度小，可以节省存储空间和计算资源。此外，Word2Vec 的通用性强，可以应用到各种 NLP 任务中。

但 Word2Vec 也存在一定的不足。具体来说，Word2Vec 的词和向量是一对一的关系，无法解决多义词的问题；且 Word2Vec 是一种静态模型，虽然通用性强，但无法针对特定任务做动态优化。Word2Vec 可以借助 Gensim 库实现：

```
from gensim.models import word2vec
# 训练
model = word2vec.Word2Vec(sentences, hs=1,min_count=1,window=3,size=100)
# 保存模型
model.save('model')
# 加载模型
model = word2vec.Word2Vec.load('model')
# 查看两个词的相似性
print(model.wv.similarity('酒店', '宾馆'))
word_list = ['宾馆', '酒店', '饭店', '服务']
# 找出不同类的词
print(model.wv.doesnt_match(word_list))

# 输出为:
# 两个词的相似结果
0.8037963
# 找出不同类的词
服务
```

3. GloVe

GloVe（Global Vectors for word representation）是斯坦福大学的 Jeffrey、Richard 等提出的一种词向量表示算法。总体来看，GloVe 模型是一种对"词 – 词"矩阵进行分解从而得到词表示的方法，它可以把一个单词表达成一个由实数组成的向量，该向量可以捕捉单词之间的语义和语法特性，如相似性、类比性等。

在使用 GloVe 模型时，首先需要基于语料库构建词的共现矩阵，然后基于共现矩阵和 GloVe 模型学习词向量。接下来，我们通过一个简单的例子说明如何构建共现矩阵。假设有语料库：

```
i love you but you love him i am sad
```

该语料库涉及 7 个单词：i、love、you、but、him、am、sad。如果我们采用窗口宽度为 5（左右长度为 2）的统计窗口，可以得到如表 1-3 所示的窗口内容。

表 1-3 该语料窗口为 5 时的窗口内容

窗口标号	中心词	窗口内容
0	i	i love you

（续）

窗口标号	中心词	窗口内容
1	love	i love you but
2	you	i love you but you
3	but	love you but you love
4	you	you but you love him
5	love	but you love him i
6	him	you love him i am
7	i	love him i am sad
8	am	him i am sad
9	sad	i am sad

窗口 0、1、8、9 长度小于 5，因为中心词左侧或右侧内容少于 2 个。以窗口 5 为例，如何构造共现矩阵呢？假设共现矩阵为 $\boldsymbol{X}$，其元素为 $X_{i,j}$，矩阵中的每一个元素 X_{ij} 代表单词 i 和上下文单词 j 在特定大小的上下文窗口内共同出现的次数。中心词为 love，上下文词为 but、you、him、i，则执行 $X_{\text{love, but}}$+=1，$X_{\text{love, you}}$+=1，$X_{\text{love, him}}$+=1，$X_{\text{love, i}}$+=1，依次使用窗口将整个语料库遍历一遍，即可得到共现矩阵 $\boldsymbol{X}$，如表 1-4 所示。

表 1-4　共现矩阵

count	i	love	you	but	you	love	him	i	am	sad
i	0	4	2	0	2	4	2	0	2	2
love	4	0	4	4	5	0	2	4	0	0
you	2	4	2	4	2	4	2	4	0	0
but	0	4	4	0	4	4	0	4	0	0
you	2	5	2	4	2	4	0	0	0	0
love	4	0	4	4	4	0	0	0	0	0
him	2	2	2	0	0	0	0	0	2	0
i	0	4	4	4	0	0	0	0	0	2
am	2	0	0	0	0	0	2	0	0	2
sad	2	0	0	0	0	0	0	2	2	0

GloVe 算法可以借助 Gesim 库来实现，其代码实现如下：

```
# GloVe 模型官方给出的只有一个唯一的 C 语言版本，首先将项目复制到本地
# git clone https://github.com/stanfordnlp/GloVe.git
# 准备语料库。需要将语料做分词和去停用词操作。效果如下
"""
中新社 西宁 num 月 num 日 电 赵某 青海 省林业厅 野生 动植物 自然保护区 管理局 高级 工程
```

```
    师 张某 num 日向 中新社 记者 确认 中国林业 科学院 中科院 新疆 生态 地理 研究所 青海 省
    林业局 认定 青海省 海西州 境内 三只 体型较大 鸟 世界 濒危 红鹳 目 红鹳 科 红鹳 属 红鹳
    num 月 num 日 青海省 海西州 鲁克湖 托素湖 国家级 陆生 野生动物 疫源 疫病 监测站 野外
    监测 巡护 过程 中 鲁克湖 西 南岸 入 水口 盐沼 滩 发现 三只 体型 较大 鸟类 张某说 此前
    区域 发现 体型 鸟类 鲁克湖 托素湖 位于 青海省 柴达木盆地 东北部 海拔 num 米 水域 湿地
    环境 优势 动物 水禽 共有 num 余种 拍摄 照片 视频 张某 动物学 体型 初步 结论 会同 中
    国林业 科学院 中科院 新疆 生态 地理 研究所 相关 专家 确认 这三只 鸟为 红鹳 目 红鹳 科
    红鹳 属 红鹳 红鹳 称为 火烈鸟 红鹳 三只 鸟类 特征 红鹳 亚成体 世界 自然 保护 联盟 世
    界 濒危动物 红色 名录 鸟 分布 非洲 中亚 南亚 区域 分布 广 种群 数量 较大 威胁 因子 以
    往 中国 分布 num 年 新疆 野外 首次 发现 鸟 中国 境内 分布 中国 鸟类 新纪录 num 年 四
    川 发现 一只 鸟亚  成体 野外 发现 中国 属  第三次 判断 这三只 鸟 从何而来 倾向 中亚国
    家 迁徙 至此 张某 说 该种 鸟 国内 人工 饲养 有人 判断 动物园 逃逸 这三只 鸟 详尽 记录
    明年 时间 鸟 肯定 迁徙的鸟 类 动物园 里 跑 鲁克湖 托素湖 结冰 鸟类 采食 困难 排除 三只
    鸟 能量补给 远距离 迁飞 青海 省林业厅 野生动物 行政 主管部门 做好 野外 救护 各项 工作
    完 """
from gensim.test.utils import datapath, get_tmpfile
from gensim.models import KeyedVectors
from gensim.scripts.glove2word2vec import glove2word2vec

# 输入文件
glove_file = datapath('./vectors.txt')
# 输出文件
tmp_file = get_tmpfile('./test_word2vec.txt')

# 开始转换
glove2word2vec(glove_file, tmp_file)

# 加载转化后的文件
model = KeyedVectors.load_word2vec_format(tmp_file)
print(model['红鹳'])
```

GloVe与Word2Vec的关键区别在于，GloVe不只依赖于附近的单词，还会结合全局统计数据（即跨语料库的单词的出现情况）来获得词向量。与Word2Vec相比，GloVe更容易并行化，且在训练数据较大时速度更快。

4. ELMo

Word2Vec和GloVe模型得到的词向量都是静态词向量，静态词向量会对多义词的语义进行融合，训练结束之后不会根据上下文进行改变，无法解决多义词的问题。例如："我今天买了7斤苹果"和"我今天买了苹果7"中的"苹果"就是一个多义词。而ELMo模型训练过的词向量可以解决多义词的问题。

ELMo 是一种双向语言模型，如图 1-3 所示，该模型的特点是每一个词语的特征表示都是整个输入语句的函数。具体做法是先在大语料上以语言模型为目标训练出 BiLSTM 模型，然后利用 LSTM 模型产生词语的特征表示。关于 LSTM 模型和 BiLSTM 模型的更多内容，请参见本书第 3 章，这里不再详述。

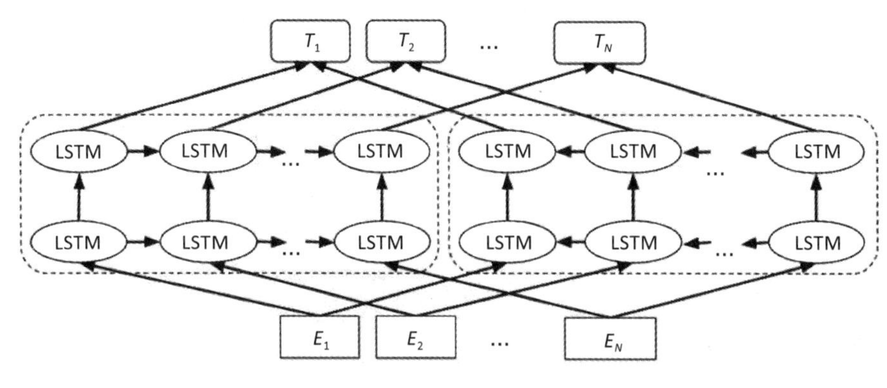

图 1-3　ELMo 结构图

如图 1-3 所示，ELMo 主要使用一个两层双向的 LSTM 模型。给定一个长度为 N 的词汇序列（$t_1, t_2, t_3, \cdots, t_N$），在每个时间步，前向语言模型会根据前面的词汇预测当前词汇的概率，最终对每个时间步的输出概率进行累积，将累积结果作为整个序列的预测概率，并期望该概率越大越好，即：

$$p(t_1, t_2, \cdots, t_N) = \prod_{k=1}^{N} p(t_k \mid t_1, t_2, \cdots, t_{k-1})$$

前向语言模型可能会包含多层单向 LSTM，但在进行概率预测时，我们利用最后一层 LSTM 的每个时间步的隐藏状态向量进行预测。

后向语言模型与前向语言模型相反，后向语言模型将词汇序列进行逆排序，每个时间步是根据后面的词汇信息预测之前的分词，具体如下：

$$p(t_1, t_2, \cdots, t_N) = \prod_{k=1}^{N} p(t_k \mid t_{k+1}, t_{k+2}, \cdots, t_N)$$

双向语言模型将前向语言模型和后向语言模型进行结合，直接最大化前向和后向语言模型的对数概率，即：

$$\sum_{k=1}^{N}(\log p(t_k \mid t_1,\cdots,t_{k-1};\theta_x,\vec{\theta}_{\text{LSTM}},\theta_s)+\log p(t_k \mid t_{k+1},\cdots,t_N;\theta_x,\overleftarrow{\theta}_{\text{LSTM}},\theta_s))$$

ELMo是双向语言模型内部中间层的组合，对于每个词来说，一个L层的双向语言模型要计算出$2L+1$个表示，为了应用到其他模型中，ELMo需要将所有层的输出结果整合为一个向量。

相比之前的模型，ELMo可以更好地捕捉文本中的语义和语法信息。此外，ELMo是基于词级别的特征表示，对词汇量没有限制，但相应的每个词的编码都需要语言模型计算得到，计算速度较慢。

ELMo该怎么使用呢？这里介绍3种可以使用预训练好的ELMo模型的方法：

1）ELMo官方allenNLP发布的基于PyTorch实现的版本；

2）ELMo官方发布的基于TensorFlow实现的版本；

3）TensorFlow-Hub发布的基于TensorFlow实现的ELMo版本。本节内容通过该版本实现。

```
# 准备 ELMo 模型向量
import tensorflow_hub as hub

# 加载模型
elmo = hub.Module("https://tfhub.dev/google/elmo/2", trainable=True)
# 输入的数据集
texts = ["the cat is on the mat", "dogs are in the fog"]
embeddings = elmo(texts, signature="default", as_dict=True)["default"]
```

在上述代码中，使用hub.Module第一次加载模型时会非常慢，因为要下载模型。该模型是训练好的模型，即LSTM中的参数都是固定的。

```
elmo = hub.Module("https://tfhub.dev/google/elmo/2", trainable=True)
# 另一种方式输入数据
tokens_input = [["the", "cat", "is", "on", "the", "mat"],
["dogs", "are", "in", "the", "fog", ""]]
# 长度，表示 tokens_input 第一行 6 个词有效，第二行 5 个词有效
```

```
tokens_length = [6, 5]
# 生成 elmo embedding
embeddings = elmo(
inputs={
"tokens": tokens_input,
"sequence_len": tokens_length
},
signature="tokens",
as_dict=True)["default"]
```

如果要将上面生成的 embedding 转换成 Numpy 向量，可以使用下面的代码实现。

```
from tensorflow.python.keras import backend as K

sess = K.get_session()
array = sess.run(embeddings)
```

5. BERT

从 Word2Vec 到 ELMo，模型的性能得到了极大的提升。这说明预训练模型的潜力无限，不是只能为下游任务提供一份精准的词向量。那我们可不可以直接预训练一个“龙骨级”的模型呢？如果它里面已经充分地描述了字符级、词级、句子级甚至句间关系的特征，那么在不同的 NLP 任务中，只需要为特定任务设计一个轻量级的输出层（比如分类任务的一个分类层）。BERT 是目前最强的预训练模型，其性能在 NLP 领域刷新了多个记录。

BERT（Bidirectional Encoder Representations from Transformer）是一种预训练的语言表示模型。它强调不再像以往一样采用传统的单向语言模型或者把两个单向语言模型进行浅层拼接的方法进行预训练，而是采用新的掩码语言模型（MLM）生成深层的双向语言表示。MLM 是指，我们不是像传统的语言模型那样给定已经出现过的词，去预测下一个词，而是直接把整个句子的一部分词盖住，让模型去预测这些盖住的词是什么。这个任务其实最开始叫作 cloze test（可以理解为“完形填空测验”）。该模型有以下主要优点。

1）采用 MLM 对双向的 Transformer 结构进行预训练，以生成深层的双向语言表示。

2）预训练后，只需要添加一个额外的输出层进行微调，就可以在各式各样的下游任务中取得最优的表现，且整个过程不需要对 BERT 结构进行修改。

BERT 是如何实现的呢？BERT 模型的大体结构如图 1-4 所示。

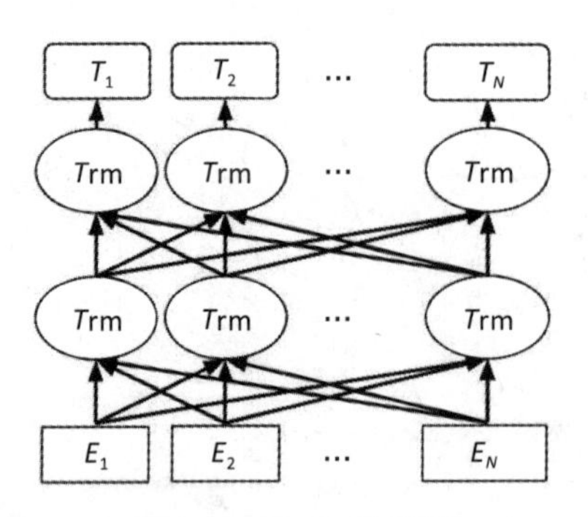

图 1-4　BERT 结构图

如图 1-4 所示，BERT 由两层 Transformer 编码器（Encoder）组成，该编码器的结构如图 1-5 所示。

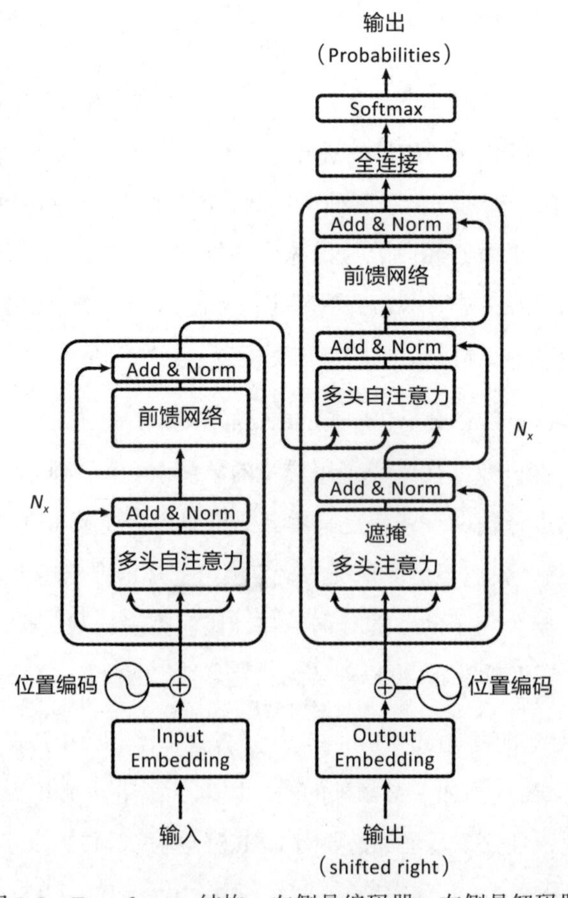

图 1-5　Transformer 结构，左侧是编码器，右侧是解码器

Transformer 的核心思想是使用注意力（Attention）机制，在一个序列的不同位置之间建立距离为 1 的平行关系，从而解决循环神经网络的长距离依赖问题。Transformer 与大多数 Seq2Seq（序列到序列）模型一样由编码器和解码器（Decoder）两部分组成。编码器负责把自然语言序列映射为隐藏层的数学表达；而解码器负责把隐藏层映射回自然语言序列。

1）Transformer 的编码器：编码器由 N 个相同的层（Layer）组成，Layer 就是图 1-5 中左侧的单元，最左边有个 N_x，这里 x 是 6。每个 Layer 由两个子层（Sublayer）组成，分别是多头自注意力机制（Multi-Head Self-Attention Mechanism）和全连接前馈网络（Fully Connected Feed-Forward Network）。其中每个子层都使用了残差连接（Residual Connection）和归一化（Normalisation），因此子层的输出可以表示为：

$$\text{sub\_layer\_output} = \text{layerNorm}(x + (\text{sublayer}(x)))$$

接下来我们按顺序解释一下编码器中的这两个子层：

多头自注意力机制可以表示为：

$$\text{Attention\_output} = \text{Attention}(\boldsymbol{Q}, \boldsymbol{K}, \boldsymbol{V})$$

多头自注意力机制则是通过 h 个不同的线性变换对 $\boldsymbol{Q}$、$\boldsymbol{K}$、$\boldsymbol{V}$ 进行投影，之后将不同的注意力机制的结果拼接起来：

$$\text{MultiHead}(\boldsymbol{Q}, \boldsymbol{K}, \boldsymbol{V}) = \text{Concat}(\text{head}_1, \cdots, \text{head}_h)\boldsymbol{W}^O$$
$$\text{head}_i = \text{Attention}(\boldsymbol{Q}\boldsymbol{W}_i^Q, \boldsymbol{K}\boldsymbol{W}_i^K, \boldsymbol{V}\boldsymbol{W}_i^V)$$

Transformer 中的注意力机制采用的是缩放的点积（Scaled Dot-Product）运算，即：

$$\text{Attention}(\boldsymbol{Q}, \boldsymbol{K}, \boldsymbol{V}) = \text{softmax}\left(\frac{\boldsymbol{Q}\boldsymbol{K}^{\mathrm{T}}}{\sqrt{d_k}}\right)\boldsymbol{V}$$

位置前馈网络实际上是一个全连接前馈网络，每个位置的词都经过这个前馈网络进行运算。该层包含两个线性变换，即两个全连接层，第一个全连接层的激活函数为

ReLU，该层可以表示为：

$$\mathrm{FFN}(x) = \max(0, xW_1 + b_1)W_2 + b_2$$

注意：每个编码器和解码器中的前馈网络结构是相同的，但它们不共享参数。

2）Transformer的解码器：如图1-5右侧部分所示，解码器除了包含与编码器中相同的多头自注意力层和前馈网络层外，还有一个编码器层和解码器层之间的注意力层，该注意力层用来关注输入信息的重要部分。

解码器的输入、输出和解码过程如下：

输出：对应i位置的输出词的概率分布。

输入：编码器的输出和对应$i-1$位置解码器的输出。中间的注意力层不是自注意力层，它的$\boldsymbol{K}$、$\boldsymbol{V}$来自编码器，$\boldsymbol{Q}$来自上一位置解码器的输出。

解码：训练时，将输出一次全部解码出来，用上一步的真实值（Ground Truth）来预测；如果预测过程中没有真实值，则需要一个一个预测。

3）位置编码（Positional Encoding）：Transformer结构中除了最重要的编码器和解码器，还包含数据预处理部分。Transformer抛弃了循环神经网络（RNN），而RNN最大的优点就是在时间序列上对数据的抽象。为了捕获数据中序列的顺序，Transformer设计了位置编码，为每个输入的词嵌入添加了一个向量，这些向量遵循模型学习的特定模式，有助于模型确定每个词的位置，或序列中不同词之间的距离。位置编码的公式为：

$$\mathrm{PE}_{(\mathrm{pos},2i)} = \sin(\mathrm{pos}/10000^{2i/d_{\mathrm{model}}})$$
$$\mathrm{PE}_{(\mathrm{pos},2i+1)} = \cos(\mathrm{pos}/10000^{2i/d_{\mathrm{model}}})$$

至此，BERT的主体结构就介绍完了，接下来我们看一看BERT的输入和输出。

BERT的输入为每一个token对应的特征表示（图1-6下方的梯形块是token，中间的矩形块是 token 对应的特征表示)，BERT 的单词字典由 WordPiece 算法构建。为了实现具体的分类任务，除了单词的 token 之外，还需要在输入的每一个序列开头插入特定的分类 token（[CLS])，该 token 对应最后一个 Transformer 层的输出，起到聚集整个序列特征表示信息的作用。

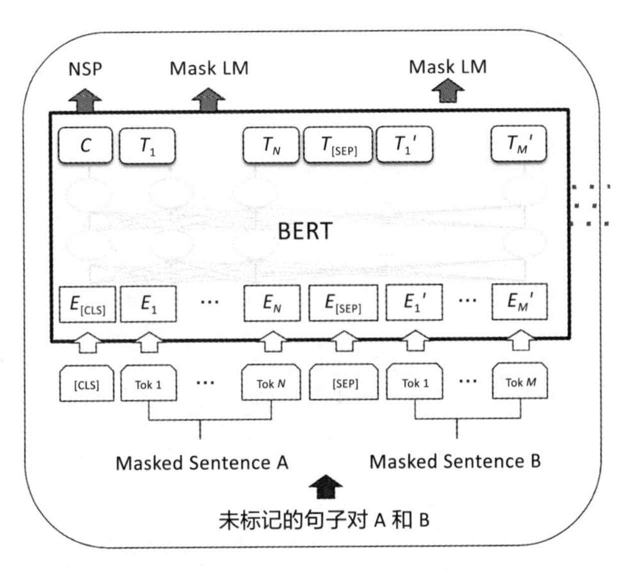

图 1-6　BERT 预训练流程图

由于 BERT 是一个预训练模型，为了适应各种各样的自然语言任务，模型所输入的序列需要包含一句话（如文本情感分类、序列标注任务的数据）甚至两句话以上（如文本摘要、自然语言推断、问答任务的数据)。如何让模型去分辨哪个范围属于句子 A，哪个范围属于句子 B 呢？ BERT 采用了两种解决方法。

1）在序列 token 中把分割 token（[SEP]）插入每个句子，以分开不同的句子 token。

2）为每一个 token 表征都添加一个可学习的嵌入（Embedding)，来表示它是属于句子 A 还是属于句子 B。

BERT 的输入为每一个 token 对应的表示，但实际上该表示是由三部分组成的，分别是对应的 token（Token Embedding)、分割嵌入（Segment Embedding）和位置嵌入（Position Embedding)，如图 1-7 所示。

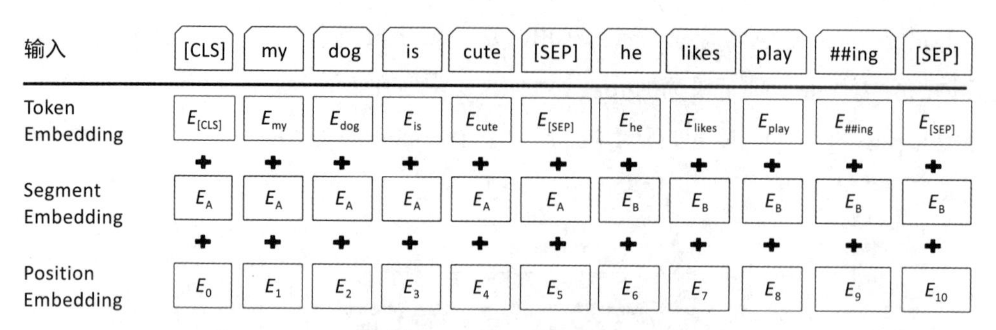

图 1-7 token 的组成

了解了 BERT 的输入，那它的输出是什么呢？Transformer 的特点是有多少个输入就对应多少个输出，所以 BERT 的输出如图 1-6 上半部分圆角矩形所示。

C 为分类 token（[CLS]）对应的最后一个 Transformer 的输出，T_i 则代表其他 token 对应最后一个 Transformer 的输出。对一些 token 级别的任务来说（如序列标注和问答任务），需要把 T_i 输入额外的输出层中进行预测。对一些句子级别的任务来说（如自然语言推断和情感分类任务），需要把 C 输入额外的输出层中，这里也就解释了为什么需要在每一个 token 序列前插入特定的分类 token。

到此为止，BERT 的结构和原理介绍完了，那如何使用 BERT 呢？

首先，需要安装 server 和 client 两个工具包：

```
pip install bert-serving-server # 服务端
pip install bert-serving-client # 客户端
```

然后，下载 BERT 预训练模型，比如我们下载中文版本 BERT 模型——BERT-Base，并解压到本地某个目录下。例如：/bert-base-chinese。

```
git lfs install
git clone https://huggingface.co/bert-base-chinese
```

然后，打开终端，输入以下命令启动服务：

```
bert-serving-start -model_dir /bert-base-chinese/ -num_worker=2
```

其中，参数 model_dir 为解压得到的 BERT 预训练模型路径，num_worker 为进程数。需要说明的是，num_worker 必须小于 CPU 的核心数或 GPU 设备数。

最后，编写客户端代码：

```
from bert_serving.client import BertClient
bc = BertClient()
bc.encode(['青山不改', '绿水长流', '哈哈哈'])
## 对于句子对的编码，可以利用 ||| 符号作为两个句子的分隔符：
bc.encode(['青山不改 ||| 绿水长流'])
```

除了 bert-as-service 这种使用方式外，当然也可以利用 TensorFlow、Keras 等深度学习框架重建 BERT 预训练模型，然后利用重建的 BERT 模型去获取文本的向量表示。

1.3　词向量的评判标准

词向量的评判标准可以分为内部标准（Intrinsic Criteria 或 Intrinsic Evaluation）和外部标准（External Criteria 或 External Evaluation）。只有彻底地了解了这些词向量的标准，我们才知道如何在实际的场景中选择适合的词向量，什么样的词向量才更适合模型以及业务效果。

1.3.1　内部评估

内部评估就是不考虑下游任务，仅从词向量本身能否准确地表示语义来评判词向量的好坏，即主要衡量单词之间的句法和语义关系。内部评估可以进一步分为：绝对内在评估（Absolute Intrinsic Evaluation）和比较内在评估（Comparative Intrinsic Evaluation）。

1. 绝对内在评估

绝对内在评估直接衡量给定两个单词之间的句法和语义关系。它共有 4 种类型的评估。

1）相关性。对于两个单词，它们之间的余弦相似度应该和人类主观评价的得分有较高的相关性，即评估词向量模型在两个词之间的语义相关性，如学生与作业，中国与北京等。

具体方法由监督模式实现，首先需要一份标记文件，一般可以由人工标注：

```
学生    上课    0.78
教师    备课    0.8
……
```

上述文件代表了词语之间的语义相关性，我们利用标注文件与训练出来的词向量相似度进行比较，如词向量之间的余弦距离等，确定损失函数，便可以得到一个评价指标。但这种方法首先需要人工标注，且标注的准确性对评估指标影响非常大。

2）词向量类比。假设给了一对单词 (a, b) 和一个单词 c，任务是找到一个单词 d，使得 c 与 d 之间的关系相似于 a 与 b 之间的关系，例如，Queen−king+man=women。在给定词嵌入的前提下，一般是通过在词向量空间寻找离（$b-a+c$）形式最近的词向量来找到 d，如图 1-8 所示。

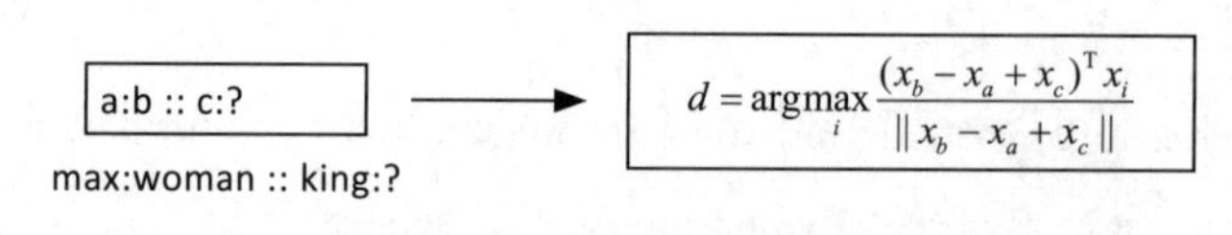

图 1-8　词向量类比案例

3）分类。分类是指把词聚类成不同的堆，查看聚类是否准确。

4）选择偏好。选择偏好是指判断某名词是更倾向做某个动词的主语还是宾语，例如一般顺序是 he runs 而不是 runs he。

2. 比较内在评估

给出一个查询词，将词嵌入模型产生的结果呈现给用户，让用户选出最相关的，然后统计结果。我们可以采用用户直接反馈的形式进行评估，这样可以避免需要定义指标的问题。

此外，我们可以制作更符合词嵌入评估任务的查询清单，比如考虑词频、词性、类别、是否是抽象词四个方面，从这四个方面进行评估。

3. 内在评估的特点

内在评估具有以下几个特点：在特定的子任务上对词向量进行评估（例如评估词向

量时可以正确预测词性标签，或者评估同义词是否具有相似的向量结构）；评估速度快，易于计算；能够帮助理解这个系统；除非与实际任务建立了关联，否则不清楚是否真正有用。

1.3.2　外在评估

外在评估是指评估单词嵌入模型对特定任务的贡献。外在评估大致分成两种方法，一种是直接用于下游任务，通过对下游任务的评价来评判词向量的好坏；另一种是对特征进行可视化。

1. 应用到下游任务评估方法

这种评估方法是通过词向量在下游任务表现的优劣来评价词向量的好坏。将词向量作为输入，以此衡量下游任务性能指标的变化。使用此类评估方式存在一个隐含的假设，即单词嵌入质量是有固定排名的。也就是说，嵌入模型无论在什么任务里的表现排名应该基本一致。因此，更高质量的嵌入必定会改善任何下游任务的结果。常见的下游任务如下：

1）命名实体识别，判断一个词是不是某种实体的名字，比如人名、组织名、地点名、歌名等；

2）词义消歧，判断近义词、多义词；

3）词性标注；

4）句法分析；

5）文本分类等。

2. 可视化评估方法

词向量的另一种评估方法是借助可视化来评估词向量，例如借助 t-SNE 等，一般主要是通过图形等方式将抽象的词向量具体化。

（1）什么是 t-SNE？

t-SNE 的主要用途是可视化和探索高维数据。它由 Laurens van der Maatens 和 Geoffrey

Hinton在*Visualizing Data Using t-SNE*[⊖]中提出。t-SNE的主要目标是将多维数据集转换为低维数据集。相比其他降维算法，t-SNE的数据可视化效果最好。如果我们将t-SNE应用于n维数据，它将智能地将n维数据映射到3维甚至2维数据，并且原始数据的相对相似性非常好。与PCA一样，t-SNE不是线性降维技术，它遵循非线性，这是它可以捕获高维数据的复杂流形结构的主要原因。

（2）t-SNE的工作原理

首先，t-SNE将通过选择一个随机数据点并计算该数据点与其他数据点的欧氏距离来创建概率分布。从所选数据点附近的数据点开始计算将获得更多的相似度值（通过计算该点与其他数据点的欧氏距离获得），而从距离所选数据点较远的数据点开始计算将获得较少的相似度值。根据相似度值，它将为每个数据点创建相似度矩阵。因为很难将超过3维的数据集可视化，所以为了举例，我们假设上面的图是多维数据的可视化表示。

由图1-9可知，我们可以说X_1的邻域（与每个点最接近的点的集合）$N(X_1) = \{X_2, X_3, X_4, X_5, X_6\}$，这意味着$X_2$、$X_3$、$X_4$、$X_5$和$X_6$与$X_1$的相邻。它将在相似度矩阵中获得较大的值。

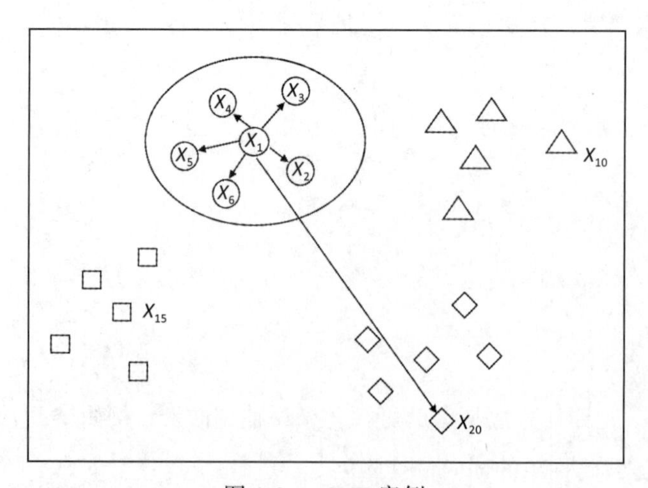

图1-9　t-SNE案例

⊖ 论文刊登在*Journal of Machine Learning Research* (2008)上。

另一方面，X_{20} 远离 X_1，这样它将在相似度矩阵中获得较小的值。

其次，它将根据正态分布将计算出的相似距离转换为联合概率。通过以上计算，t-SNE 将所有数据点随机排列在所需的较低维度上，如图 1-10 所示。

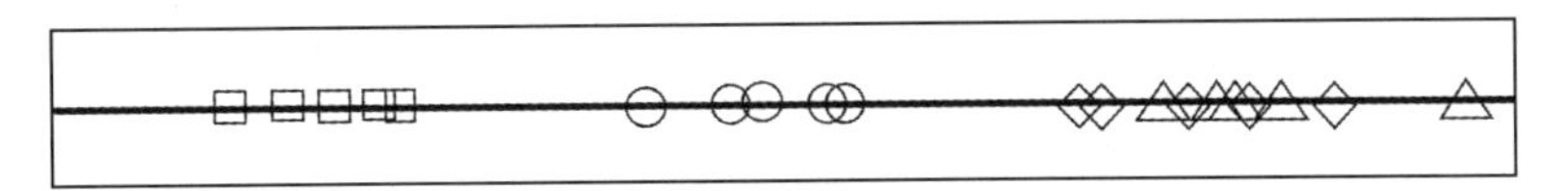

图 1-10　低维度可视化效果

t-SNE 将再次对高维数据点和随机排列的低维数据点进行相同的计算。但是在这一步中，它根据 t 分布分配概率。这就是 t-SNE 的名字来源，使用 t 分布的目的是减少拥挤的问题。如图 1-11 所示，t 分布看起来很像正态分布，但尾部通常更胖，这意味着数据的可变性更高。注意，对于高维数据，该算法根据正态分布分配概率。

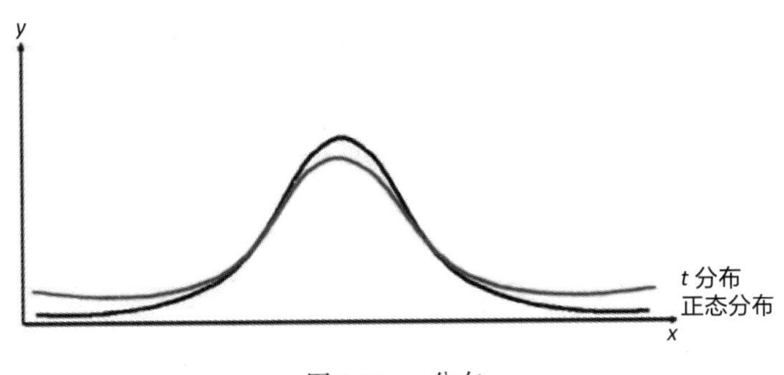

图 1-11　t 分布

对于较低维的数据点，t-SNE 将创建另一个相似度矩阵，之后使用 t-SNE 算法对两个相似度矩阵进行比较，并通过一些复杂的数学运算，如 KL 散度，扩大两个数据点的差异。KL 散度（度量一个概率分布与另一个概率分布如何不同的度量指标）通过将两个分布之间相对于数据点位置的值最小化，帮助 t-SNE 保留数据的局部结构。最后，该算法能够得到与原始高维数据相似度较高的低维数据点。t-SNE 是一种不确定性算法，导致每次运行结果都会略有变化，不会保留群集之间的距离。虽然不能在每次运行中保留方差，但可以使用超参数来保留每个类之间的距离。该算法涉及许多计算，因此，时间复杂度和空间复杂度都非常高，但是它可以巧妙地处理异常值。

注意，在现实任务中进行评估，可能需要很长时间才能得到评估结果；有时无法确定具体是什么原因导致任务表现出现差异，因此难以合理地对词向量进行评估，需要长时间通过大量实践不断地总结评估的经验。

1.4 本章小结

本章主要介绍了文本预处理的主要流程、常用的文本特征表示方法以及词向量的评估方法。1.1 节主要讲解了语料和语料库的定义以及语料的预处理流程。1.2 节详细介绍了离散型特征表示方法和分布型特征表示方法。1.3 节对词向量的内部评估方法和外部评估方法进行了详细介绍。

CHAPTER 2

第2章

内容重复理解

在很多真实的业务场景中，往往会涉及海量的文本信息，其中不乏许多重复的信息，而文本的质量会严重影响用户的留存和黏性。为了不影响用户的体验，提升内容的质量是首要任务。只有对重复内容处理得当，才能更好地推动业务的发展和进步。

本章将介绍标题重复、段落重复、篇章重复等不同层级的重复场景，详述一些前沿的算法解决以上几个问题的具体实现流程，也会阐述内容相似程度的判别方法。读者通过对这几个场景的学习，可以在工作中更好地解决文本内容重复以及相似的问题。

2.1 标题重复

标题重复也称内部重复，特指短标题（其字数通常在20个汉字以内）中存在不同程度的语义和内容重复，严重影响用户的体验。表2-1是一些常见标题重复示例。

表2-1 常见标题重复示例

标题重复	重复类型
皮肤暗黄怎么办我要美白我要美白我要美白?	文字重复
如何如何如何如何如何瘦腿?	文字重复
瘦瘦瘦瘦瘦腿腿腿腿腿腿，怎么办?	文字重复
怎样才能减肥,,,,, 美容	标点符号重复
我想隆胸1111111，怎么办?	数值重复

表2-1中的示例是在实际业务场景中遇到的情况，文本标题内容重复较为严重，属

于非常低质的内容。在处理这些内容时，我们不仅需要检测出标题是否重复，而且需要对标题重复进行修正，保证标题内容的丰富性。

2.1.1　标题符号规整化处理

本节主要介绍标题符号规整化处理的主要原因，以及规整化处理的方式，通过具体的实现代码可以清晰地看到在业务背景中如何更好地使用数据，更好地让数据在算法中发力，从而高效地解决业务中的低质标题问题。

1. 标题符号规整化处理的原因

标题符号规整化是对标题中不符合规则的标点符号进行标准化处理，属于数据预处理的范围，是标题内容重复处理的前提和关键所在。标点符号处理不严谨，将会严重影响后期内容去重的质量。表 2-2 是一些不规整标题符号示例。

表 2-2　不规整标题符号示例

标点符号重复	说明
拔罐也能祛痘吗？？？？	问号重复
问怎样减肥,,,,,,,	逗号重复
如何祛痘！！！！！有痘印	感叹号重复
。。。。怎么治疗狐臭	句号重复且使用不合规

表 2-2 中有各种不同类型的标点符号重复的情况，在涉及大量数据的场景中，这种低质的内容非常影响内容质量和用户体验，如果不进行良好的内容理解，很难保证推荐和搜索等场景中内容标题的质量。大数据时代，数据是算法的灵魂，解读和分析好数据至关重要。

2. 标题符号规整化处理的方式

首先，构建一份标点符号全量词表，用来判断句子中哪些是标点符号，同时构建一份白名单词表，用来判断句子中哪些标点符号属于正常现象，防止过多过滤，将重复的标点符号转换成单个，将起始位置的不合常规的标点符号去掉，将中途的不合常规的标点符号替换成空格，并对白名单中存在缺失的标点符号进行补全。接下来我们将实现标题符号规整化的功能，其实现代码如下所示：

```
from __future__ import print_function
from __future__ import unicode_literals
import jieba
import time
import re
import math

fuhao_word_set = set()  #建立标点符号词表集合
def init_fuhao_word_dict(fuhao_word_path):
    """
    初始化词表
    param:fuhao_word_path 构造的标点符号词表
    """
    global fuhao_word_dict
    input_file = open(fuhao_word_path, "r")
    lines = input_file.readlines()
    input_file.close()
    for line in lines:
        fuhao_word_set.add(line.strip().decode("utf8"))

#构建的白名单
white_fuhao_set_1 = set("""'"()[]{} ‘’“”《》（）【】{}"""[:])
white_fuhao_set_2 = set("""'"()[]{} ‘’“”《》（）【】{}?,？，"""[:])
white_fuhao_set_3 = set("""'"()[]{} ‘’“”《》（）【】{}?？…"""[:])
white_fuhao_set_3.add("...")
white_fuhao_set_3.add("……")
stop_word_set = set(["你好", "谢谢", "多谢"])

def get_word_list_jieba(content):
    """
    分词操作
    param:content 分词内容
    """
    seg = jieba.cut(content, cut_all=False)
    return list(seg)

def get_dis_fuhao_word_list(word_list):
    """
    获得非标点文字信息
    param:word_list 标题文本
    """
    str_len = len(word_list)
    dis_word_list = []
    dis_word_num = 0
    fuhao_num = 0
```

```
    if str_len > 1:
        pro_idx = -1
        for i in range(0, str_len):
            if word_list[i] in fuhao_word_set:
                fuhao_num += 1
                if pro_idx == -1:
                    pro_idx = i
                    dis_word_list.append(word_list[i])
                else:
                    if word_list[pro_idx] in fuhao_word_set and word_list[i]
                        in fuhao_word_set:
                        dis_word_num += 1
                    else:
                        dis_word_list.append(word_list[i])
                        pro_idx = i
            else:
                pro_idx = -1
                dis_word_list.append(word_list[i])
    return dis_word_list, dis_word_num, fuhao_num

kuohao_map = {")": "(", "）": "（"}  #过滤非法标点

def format_fuhao_word_list(word_list):
    """
    标点符号规整化处理
    param:word_list 词列表
    """
    str_len = len(word_list)
    str_idx = 0
    res_word_list = []
    word_kuohao_dict = dict()
    if str_len > 1:
        for i in range(0, str_len):
            if word_list[i] in fuhao_word_set:
                if str_idx == 0:
                    if word_list[i] in white_fuhao_set_1:
                        res_word_list.append(word_list[i])
                        str_idx += 1
                    else:
                        pass
                else:
                    if i == str_len - 1:
                        if word_list[i] in white_fuhao_set_3:
                            res_word_list.append(word_list[i])
```

```
                        str_idx += 1
                else:
                    if word_list[i] in white_fuhao_set_2:
                        res_word_list.append(word_list[i])
                        str_idx += 1
                    else:
                        res_word_list.append(" ")
                        str_idx += 1
            else:
                res_word_list.append(word_list[i])
                str_idx += 1
    if len(res_word_list) > 0:
        for i in range(0, len(res_word_list)):
            if res_word_list[i] in ["(", "（"]:
                word_kuohao_dict[res_word_list[i]] = i
            if res_word_list[i] in [")", "）"]:
                kuohao_tmp = kuohao_map.get(res_word_list[i])
                if kuohao_tmp in word_kuohao_dict:
                    word_kuohao_dict.pop(kuohao_tmp)
                else:
                    res_word_list[i] = " "
        if len(word_kuohao_dict) > 0:
            for j in word_kuohao_dict.values():
                res_word_list[j] = " "
        return res_word_list
    return word_list

if __name__ == '__main__':
    init_fuhao_word_dict("../title_duplicate/fuhao.txt")
    string = '怎么祛痘,,,,,,,,, '
    word_list = get_word_list_jieba(string)
    dis_word_list, dis_word_num, fuhao_num = get_dis_fuhao_word_list(word_list)
    res_word_list = format_fuhao_word_list(dis_word_list)
    res_word = ''.join(res_word_list)
    print(res_word)
```

经过标题符号规整化处理之后，文本标题中 95% 以上的标题是规整的标题，为后续的标题去重打下了非常坚实的基础。

2.1.2　Jieba 分词

Jieba 分词是 Python 的一个中文分词组件，支持对中文文本进行分词、词性标注、关键词抽取等功能，并且支持自定义词典。Jieba分词具有支持三种分词模式、繁体分词、自定义词典等多种特点。

1. Jieba分词包的安装

Jieba分词包的安装主要有以下三种方式。

1）全自动安装：pip install jieba / pip3 install jieba。

2）半自动安装：先从 https://pypi.python.org/pypi/jieba/ 下载，解压后运行 python setup.py install。

3）手动安装：将 jieba 目录放置于当前目录或者 site-packages 目录。

选择上面三种方式的任意一种进行 Jieba 分词包的安装，最后通过 import jieba 引用即可。

2. Jieba分词的方式

Jieba分词在应用场景中通常使用下面两种函数实现分词功能。

1）Jieba.cut：该函数接收三个输入参数，首先是需要分词的字符串，然后是 cut_all 参数，用来控制是否采用全模式，最后是 HMM 参数，用来控制是否适用 HMM 模型。

2）Jieba.cut_for_search：该函数接收两个参数，一个是需要分词的字符串，另一个是决定是否使用 HMM 模型的参数。该方法适用于搜索引擎构建倒排索引的分词，粒度比较细。

注意：待分词的字符串可以是 unicode、utf-8、gbk 类型的字符串。不建议直接输入 gbk 类型的字符串，可能无法预料地误解码成 utf-8 类型。

3. Jieba示例展示

了解了 Jieba 分词包的安装流程以及分词的方法之后，下面将重点讲解如何在业务场景中使用 Jieba 分词，主要介绍精确模式、全模式、搜索引擎模式的分词实现以及词性获取等。

1）精确模式：试图将句子最精确地切开，适合文本分析。

2）全模式：把句子中所有可以成词的词语都切分出来，速度非常快，但是不能解决歧义问题。

3）搜索引擎模式：在精确模式的基础上，对长词再次切分，提高召回率，适用于搜索引擎分词。

4）词性获取：分词的词性有助于我们更好地展开业务，因此，需要获得每个词的词性，比如名词、动词、代词等。例如：在过滤词性操作场景中，只需要用到名词。

以上用代码实现如下：

```
import jieba
import jieba.posseg as psg

string = '我想大口喝酒！！！'
result=jieba.cut(string, cut_all=True)
print('原始数据：', string)
print('全模式输出：', list(result))

result=jieba.cut_for_search(string)
print('搜索引擎模式：', list(result))

result = jieba.cut(string)
print('精确模式输出：', list(result))

result = psg.cut(string)
print('筛选为名词的:', [(x.word, x.flag) for x in result if x.flag == 'n'])
```

结果如下：

```
原始数据：我想大口喝酒！！！
全模式输出：['我', '想', '大口', '喝酒', '！！！']
搜索引擎模式：['我想', '大口', '喝酒', '！', '！', '！']
精确模式输出：['我想', '大口', '喝酒', '！', '！', '！']
筛选为名词的: [('大口', 'n')]
```

4. Jieba 分词的性能分析

Jieba 分词的性能分析是指通过对用户词典的限度分析探究对其性能的影响以及探究什么类型的词语更容易召回。

1）用户词典的限度。从源码大小来看，整个 Jieba 分词的源码总容量为 81 MB，其中系统词典 dict.txt 的大小为 5.16 MB，所以用户词典至少可以大于 5.16 MB；从词典中的词语数量来看，系统词典总的词语数共 349047 行，每一行包括词语、词频、词性三个属性，所以初步可以判断用户词典可以很大。表 2-3 用一些具体数据总结了词典大小对效率的影响。

表 2-3　词典大小对效率的影响

词典大小 / 行	加载时间 /s
35885	1.0382411479949951
71770	1.4251623153686523
1148160	7.892921209335327
2296320	15.106632471084595
4592640	30.660043001174927
9185280	56.30760192871094
18370560	116.30

通过表 2-3 可以看出，词表大小和加载时间成正比，词表越大，加载的时间越长。但是加载的词典一般保留在内存中，造成内存和 I/O 负担较大。

2）相同前缀和后缀的区分。针对无尿急、尿频、尿痛的专业领域的分词，需要在 Jieba 分词中导入用户词典才能正确区分出来，相关案例如下：

/ 患者 /3/ 小时 / 前 / 无 / 明显 / 诱因 / 出现 / 上 / 腹部 / 疼痛 /，/ 左 / 上腹 / 为主 /，/ 持续性 / 隐痛 /，/ 无 / 放射 /，/ 无 / 恶心 / 及 / 呕吐 /，/ 无 / 泛酸 / 及 / 嗳气 /，/ 无 / 腹胀 / 及 / 腹泻 /，/ 无 / 咳嗽 / 及 / 咳痰 /，/ 无 / 胸闷 / 及 / 气急 /，/ 无 / 腰酸 / 及 / 腰疼 /，/ 无 / 尿急 /、/ 尿频 / 及 / 尿痛 /，/ 无 / 头晕 /，/ 无 / 黑 / 矇 /，/ 无 / 畏寒 / 及 / 发热 /，/ 无尿 / 黄 /，/ 无 / 口苦 /，/ 来 / 我院 / 求治 /。

可以发现“无尿黄”被划分为“无尿 / 黄”，查询用户词典后，发现词典中并没有尿黄这个词语，此问题属于词典覆盖不全。但是在词表中确实同时存在无尿和尿频两个词语，初步分析问题可能由词语在词典中的顺序导致，或者由 Jieba 分词系统内部的分词策略所致；一种可能的分析是，打开词典发现无尿在 14221 行，尿频在 13561 行，现在将无尿放在第一行，结果仍然为无 / 尿频，所以，结果是由 Jieba 分词内部的算法策略导致的。当两个词语的词频相同时，后匹配的词语优先。

腰部酸痛、腰部、酸痛在词表中同时存在且词频相同，返回的结果优先是腰部酸痛。如果腰部和酸痛的词频高于腰部酸痛的词频，结果仍然返回腰部酸痛，即更倾向于分词长度更长的词语，这样容易扩大召回数量，内容也更加精准和全面。

2.1.3 LAC 分词

LAC（Lexical Analysis of Chinese）是百度自然语言处理部研发的一款联合的词法分析工具，支持中文分词、词性标注、专名识别等功能。在实际的业务场景中，需要结合具体的业务选择分词方式，即根据业务效果选择具体的分词方式。

1. LAC 分词的安装

LAC 分词的安装主要有以下三种方式。

1）全自动安装：pip install lac。

2）半自动安装：先从 http://pypi.python.org/pypi/lac/ 下载，解压后运行 python setup.py install。

3）国内网络可使用百度源安装：pip install lac -i https://mirror.baidu.com/pypi/simple。

以上安装方式对 Python 2/3 均兼容，可结合自己的喜好选择合适的安装方式。LAC 有 1.0 和 2.0 两个版本 ，在码云中显示的是 1.0 版本，但是并没有特意标明。由于 LAC1.0 版本的安装过程比较麻烦且容易出错，建议优先安装 LAC 2.0 版本；如果是 Windows 系统想用 WSL（Windows Subsystem for Linux）安装 LAC，不能使用 WSL 1.0 版本，因为其不支持 LAC 的依赖组件飞桨（Paddle），也就没办法正确安装 LAC。安装 LAC 时需要注意 Python 的版本尽量不能超过 3.7。

2. LAC 分词的使用

LAC 分词使用简单，主要包括加载默认模型、加载干预词典以及如何设计更好的分词方式等方面的操作，其实现代码如下所示：

```
from LAC import LAC
```

```
# 加载默认模型
lac = LAC(mode='lac')

# 加载干预词典
lac.load_customization('custom.txt')

# 使用自己训练的模型
lac = LAC(model_path='my_seg_model')

text = u"LAC是个优秀的分词工具"
lac_result = lac.run(text)
print(lac_result)

texts = [u"LAC是个优秀的分词工具", u"百度是一家高科技公司"]
lac_result = lac.run(texts)
print(lac_result)
```

结果如下：

```
[['LAC', '是', '个', '优秀', '的', '分词', '工具'], ['nz', 'v', 'q', 'a',
    'u', 'n', 'n']]
[[['LAC', '是', '个', '优秀', '的', '分词', '工具'], ['nz', 'v', 'q', 'a',
    'u', 'n', 'n']], [['百度', '是', '一家', '高科技', '公司'], ['ORG', 'v',
    'm', 'n', 'n']]
```

3. LAC 分词的优势

通过深度学习模型联合学习分词、词性标注、专名识别任务，整体的 F1 值超过 0.91，词性标注的 F1 值超过 0.94，专名识别的 F1 值超过 0.85，效果业内领先。精简模型参数，结合飞桨预测库的性能优化，CPU 单线程性能达到 800 QPS，效率业内领先。

实现简单可控的干预机制，精准匹配用户词典对模型进行干预。词典支持长片段形式，使得干预更为精准。支持一键安装，同时提供 Python、Java 和 C++ 调用接口与调用示例，实现快速调用和集成。定制超轻量级模型，大小仅为 2 MB，由于主流千元手机单线程性能达 200 QPS，因此它能够满足大多数移动端应用的需求，同等体量级效果业内领先。

4. LAC 分词的适用场景

LAC 分词的适用场景主要与实体识别任务相关，比如知识图谱、知识问答、信息抽取等，也可以作为其他模型算法的基础工具。因为，LAC 分词是以实体作为粒度的，同时兼具实体识别的效果，而在搜索引擎中使用的分词粒度会更小一些，或者同时提供多种粒度，如果要面向搜索的分词，用户可以自行微调模型。

2.1.4　基于分词及字符串等方式进行重复识别

基于分词方式识别标题是否重复是很容易想到的一种方式，它首先通过不同的方式对标题进行分词操作，然后通过分词结果重复的占比来决定重复程度。在选择具体的阈值时，需要结合具体的情况而定。下面主要介绍基于 Jieba 分词方式的重复识别过程。基于 LAC 分词方式的重复识别过程读者可以自行了解，本章不再进行详细讲解。

1. 基于 Jieba 分词方式进行重复识别

基于分词方式的重复识别过程：首先对标题进行符号规整化处理，然后通过 Jieba 分词和 LAC 分词方式对标题进行分词处理，最后通过列表去重方式，统计去重之后的结果长度和原有标题的分词长度的占比，利用不同的阈值划分重复程度。基于 Jieba 分词方式进行重复程度识别的实现代码如下所示：

```
import jieba as jieba
def del_adjacent(alist):
    for i in range(len(alist) - 1, 0, -1):
        if alist[i] == alist[i-1]:
            del alist[i]
    return alist

if __name__ == '__main__':
    res_word = '如何瘦脸如何瘦脸瘦手臂瘦肚子大腿肩膀...'
    res_word = '鼻子不好看，是驼峰鼻。驼峰鼻整形的价格是多少？'
    res_word = '美白美白美白美白全身美白，怎么办？'
    seg_list = jieba.cut(res_word, cut_all=False)
    seg_list = list(seg_list)
    seg_list_len = len(seg_list)
    seg = del_adjacent(seg_list)
    seg_len = len(seg)
    # 重复比例
    ratio = (seg_list_len - seg_len) / seg_len
    print(ratio)
```

```
    if ratio >= 0.2:
        print(' '.join(seg))
```

在分词去重的过程中，只有选择更加合理的阈值，才能在业务场景中产生较好的结果，因此，需要探究不同阈值划分对准确率的影响，如表2-4所示。

表2-4　不同阈值划分对准确率的影响

阈值	准确率
0.1	90%
0.2	92%
0.3	93%
0.4	94%

如表2-4所示，随着阈值的提升，准确率在逐渐升高。阈值的划分可以体现出重复的程度，但是只有结合具体的应用场景选择合理的阈值，才能产生最佳的业务效果。

2. 基于字符串方式进行重复识别

一般在实践的过程中，通过分词方式进行文本内容重复识别（去重）的时候，需要合理地划分阈值，但选定阈值的过程特别费时费力。如果内容不多，可以考虑基于字符串或者正则表达式的方式（即字符串去重和正则表达式去重方式）进行重复识别，使用时需要结合具体的数据评估效果进行方式选择。

1）字符串去重：通过字符串重复的特点进行去重，其长度必定能够被重复序列的长度整除；可以生成从1到$n/2$的长度除数的解决方案，将原始字符串除以具有除数长度的子串，并测试结果集的相等性。字符串去重的实现代码如下所示：

```
def repeat(string):
    for i in range(1, len(string) // 2 + 1):
        if not len(string) % len(string[0:i]) and string[0:i] * (len(string)
            // len(string[0:i])) == string:
            return string[0:i]
```

2）正则表达式去重：通过正则表达式进行内容去重。例如，正则表达式 (.+?)\1+$ 分为三部分：(.+?) 是一个匹配组，包含至少一个（但尽可能少）任意字符；\1+ 检测第一部分中匹配组至少出现一次重复；$ 检查字符串的结尾，以确保在重复的子字符串之后没有额外的非重复内容，并且使用 re.match() 确保在重复的子字符串之前没有非重复的文本。正则表达式去重的实现代码如下所示：

```
import re
REPEATER = re.compile(r"(.+?)\1+$")

def repeated(s):
    match = REPEATER.match(s)
return match.group(1) if match else None
```

基于分词方式去重或者字符串等方式去重是在场景中比较容易想到的，通常适用范围比较有限，适合针对标题重复这种简单的问题，通过数据进行评估并查看效果。下面会在段落重复识别中讲解通过 N-gram 算法进行重复识别的过程。

2.2 段落重复识别实例

段落重复问题在各式各样的应用场景中是比较常见和基础的问题，文本场景中经常遇到文本内容中段落重复的问题，严重影响用户的体验，在数据入库的过程中也会产生非常多的不必要的麻烦。因为如果入库的内容存在大量重复的内容，不仅利用价值不高，还占用大量资源，得不偿失。段落重复经常需要面临两大问题，一个是段落内部的重复问题，另一个是两个不同的段落级别的文本重复问题。

2.2.1 段落重复识别

本节主要讲解段落内部出现重复时，如何更好地去除重复内容，使得更多的内容从低质走向优质，更好地提升内容质量。

1. 主要思想

段落重复识别的主要思想首先是通过标点符号将段落进行句子层级的切分，通过判断句子重复的程度进而判断段落的重复程度，重复句子的占比可以近似为重复的级别。段落重复识别的代码如下：

```
import re

s = '激光去色素痣后留下的红印大概多久消失？可以用什么药物加快消失速度？' \
'激光去色素痣后留下的红印大概多久消失？可以用什么药物加快消失速度？'
pattern = r'？|，|\.|/|;|\'|`|\[|\]|<|>|\?|:|"|\{|\}|\~|!|@|#|\$|%|' \
r'\^|&|\(|\)|-|=|\_|\+|，|。|、|；|‘|’|【|】|·|！| |…|（|）'
# 过滤不合法字符串
s = re.sub(r'\s+', '', s)
# 段落转化成句子
result_list = re.split(pattern, s)
# 转化后的结果
print(result_list)
# 去重复句子
a_list = set(list(result_list))
print(a_list)
# 段落中句子重复的比率
rate = (len(result_list) - len(a_list))/len(a_list)
print(rate)
```

2. 阈值划分

段落重复程度的识别精度和阈值划分有很密切的关联关系，阈值划分越合理，在实际应用场景中表现效果越好。阈值和准确率的关系如表 2-5 所示。

表 2-5 阈值和准确率的关系

阈值	准确率
0.3	81.25%
0.4	> 99%
0.5	> 99%

由表 2-5 可见，随着阈值增大，准确率显著提高，但是还是需要结合具体的业务场景选择更合适的阈值进行划分，以得到更有利于业务发展的效果。

2.2.2 基于 N-gram 算法进行内容去重

在识别重复文本内容的过程中，笔者在少量数据中探索了分词方式的重复识别过程，在大量数据中探索了基于 N-gram 算法的内容去重过程，总结了一些业务经验。下面会重点讲解 N-gram 算法原理、计算流程、应用等方面。

1. N-gram 算法原理

N-gram 算法是一种语言模型，是基于概率的判别模型，其输入是一句话（例如单词的顺序序列），输出是这句话的概率（即这些单词的联合概率）。图 2-1 为 N-gram 算法的简易输入、输出流向图。

图 2-1　N-gram 算法的简易输入、输出流向图

N-gram 算法基于这样一种假设：第 n 个词的出现仅与前面的 $n-1$ 个词相关，而与其他任何词都不相关，整句的概率就是各个词出现概率的乘积。每个词的概率都可以从语料库中直接统计其出现的次数而得到。

2. N-gram 算法计算流程

假设我们有一个由 n 个词组成的句子 $S=(W_1,W_2,\cdots,W_n)$，如何计算它的概率呢？我们假设，每一个单词 W_i 都要依赖前面所有单词，因此，整个句子出现的概率为：

$$P(S)=P(W_1,W_2,\cdots,W_n)=P(W_1)(W_2|W_1)\cdots P(W_n|W_{n-1}\cdots W_2W_1)$$

可以很容易地得到上面的多个单词的联合概率，但是存在参数空间过大、数据稀疏等问题，如果仅仅考虑之前的一个或者几个词的联合概率，则可以降低时间复杂度，减少计算量。

如果一个词的出现仅依赖它前面最相邻的一个词，我们就称之为 Bi-gram：

$$P(S)=P(W_1,W_2,\cdots,W_n)=P(W_1)(W_2|W_1)\cdots P(W_n|W_{n-1})$$

如果一个词的出现仅依赖它前面最相邻的两个词，我们就称之为 Tri-gram：

$$P(S)=P(W_1,W_2,\cdots,W_n)=P(W_1)(W_2|W_1)\cdots P(W_n|W_{n-1},W_{n-2})$$

然后通过极大似然函数求解上面的概率结果：

$$P(W_n|W_{n-1})=\frac{C(W_{n-1},W_n)}{C(W_{n-1})} \quad \text{(Bi-gram)}$$

$$P(W_n|W_{n-1},W_{n-2})=\frac{C(W_{n-2},W_{n-1},W_n)}{C(W_{n-2}W_{n-1})} \quad \text{(Tri-gram)}$$

$$P(W_n|W_{n-1},\cdots,W_2,W_1)=\frac{C(W_1,W_2,\cdots,W_n)}{C(W_1,W_2,\cdots,W_{n-1})} \quad \text{(N-gram)}$$

3. 经典Bi-gram算法的计算实例

在Bi-gram算法中，每个单词的概率仅取决于该单词之前的两个单词，其他单词的影响暂时被忽略。先来看一个示例，如表2-6所示。

表2-6　词和词频示例

词	词频
I	3437
want	1215
to	3256
eat	938
Chinese	213
food	1506
lunch	456

统计出各个单词与其他前后联系的单词的频次，组成一个7×7的二维矩阵，如表2-7所示。

表2-7　词和词频的二维矩阵

	I	want	to	eat	Chinese	food	lunch
I	8	1087	0	13	0	0	0
want	3	0	786	0	6	8	6
to	3	0	10	860	3	0	12
eat	0	0	2	0	19	2	52
Chinese	2	0	0	0	0	120	1
food	19	0	17	0	0	0	0
lunch	4	0	0	0	0	1	0

那么语句 I want to eat Chinese food 的二元语言模型概率计算过程如下：

$$
\begin{aligned}
&P(\text{I want to eat Chinese food}) \\
&= P(\text{I}) \times P(\text{want} \mid \text{I}) \times P(\text{to} \mid \text{want}) \times P(\text{eat} \mid \text{to}) \times P(\text{Chinese} \mid \text{eat}) \times P(\text{food} \mid \text{Chinese}) \\
&= 0.25 \times 1087 / 3437 / \times 786 / 1215 \times 860 / 3256 \times 19 / 938 \times 120 / 213 \\
&= 0.000154171
\end{aligned}
$$

4. N-gram 算法去重应用

首先举一个简单的例子，如“不匹配门店门店很方便”这种重复情况，一种比较朴素的做法是先对文本进行分词，再对连续重复词（比如“门店”）去重。但分词器有可能会造成分词错误，从而影响最终去重的结果。

比如，采用 Jieba 分词对原始文本进行分词，得到如下结果：“不 匹 配门店 门店 很方便”。显然，把“配门店”作为一个词会导致最终去重失败。

现在我们换个思路，使用 N-gram 算法实现句子去重。我们依然以上面的句子为例，假设门店或者不匹配是重复的，如表 2-8 所示。

表 2-8 不同滑动窗口的 N-gram 算法重复情况

重复数据	滑动窗口大小	结果
门店门店门店	2	[“门店”，“店门”，“门店”，“店门”，“门店”]
门店门店门店	3	[“门店门”，“店门店”，“门店门”，“店门店”]
门店门店门店	4	[“门店门店”，“店门店门”，“门店门店”]
门店门店门店	5	[“门店门店门”，“店门店门店”]
不匹配不匹配	2	[“不匹”，“匹配”，“配不”，“不匹”，“匹配”]
不匹配不匹配	3	[“不匹配”，“ 匹配不”，“配不匹”，“不匹配”]
不匹配不匹配	4	[“不匹配不”，“匹配不匹”，“配不匹配”]
不匹配不匹配	5	[“不匹配不匹”，“匹配不匹配”]

由表 2-8 可以看出，对其进行 Bi-gram 操作得到以下结果，两个字符重复，滑动窗口长度和重复字符的长度相同时，每三个切词结果重复一次；对其进行 Tri-gram 操作得到以下结果，三个字符重复，滑动窗口长度和重复字符的长度相同时，每四个切词结果重复一次。很明显可以推导出其规律性，一般在实践中由于需要考虑参数量和运行时间等诸多因素，通常使用 Bi-gram 和 Tri-gram。

需要注意的是，由于我们不能提前知道原始文本中连续重复词由多少个字符组成，所以在代码中提供了一个参数 max_ngram_length，表明对原始文本采用不大于该值的所有 N-gram 滑动窗口来进行分割并去重。基于 N-gram 算法的代码实现如下所示：

```
def n_gram_merge(sentence, max_ngram_length=4):
    """
    通过N-gram算法去除文本中连续重复的词
    """
    final_merge_sent = sentence
    max_ngram_length = min(max_ngram_length, len(sentence))
    for i in range(max_ngram_length, 0, -1):
        start = 0
        end = len(final_merge_sent) - i + 1
        ngrams = []
        while start < end:
            ngrams.append(final_merge_sent[start: start + i])
            start += 1
        result = []
        for cur_word in ngrams:
            result.append(cur_word)
            if len(result) > i:
                pre_word = result[len(result) - i - 1]
                if pre_word == cur_word:
                    for k in range(i):
                        result.pop()

        cur_merge_sent = ""
        for word in result:
            if not cur_merge_sent:
                cur_merge_sent += word
            else:
                cur_merge_sent += word[-1]
        final_merge_sent = cur_merge_sent

    return final_merge_sent


if __name__ == "__main__":
    text = "不匹配门店门店门店门店很方便"
    print(n_gram_merge(text, max_ngram_length=len(text)))

    text = "我爱爱北京天安门天安门，天安门上上太阳太阳升。"
    print(n_gram_merge(text, max_ngram_length=len(text)))
```

测试用例结果如下：

```
不匹配门店很方便
我爱北京天安门，天安门上太阳升。
```

通过对比基于 N-gram 算法进行句子去重和基于 Jieba 分词方式进行句子去重，可以更加清晰地看到各自的优缺点，如表 2-9 所示。在实践中，这两种方法可以结合使用。

表 2-9　N-gram 算法和 Jieba 分词方式的去重对比

去重方法	准确率	优点	缺点
N-gram 算法	＞ 90%	不会遗漏任何连续出现的重复字符，去重可以考虑到词序	连续的数字会被过滤掉，需要构建叠词表
Jieba 分词	＞ 87%	类似痘痘、谢谢、6666 这种叠词和数字可以被保留	分词后去重逻辑比较复杂，仅适合重复程度的识别

N-gram 算法的优点主要是不会遗漏任何连续出现的重复字符，可以充分考虑到词序的情况，缺点是无法考虑到连续出现的数字结果以及一些正确的叠词，容易将其过滤掉，但可以通过补充一个叠词表将正确的部分过滤出来。分词方式的去重无法考虑词序的问题，无法对某些特殊领域的专业词进行正确切分，不容易去重，只适合重复程度的识别，但是其不需要建立完善的叠词表。

5. N-gram 算法的应用场景

N-gram 算法一般适用于搜索引擎、文本自动生成、词性标注、垃圾邮件识别等多个场景，应用范围特别广泛。下面以搜索引擎与邮件识别场景为例进行介绍。

1）搜索引擎场景。例如，百度搜索引擎或输入法的猜想以及提示。在使用百度浏览器时，输入一个或几个词，搜索框通常会以下拉菜单的形式给出如图 2-2 所示的备选项，这些备选项其实是在猜想你想要搜索的那个词串。

百度搜索的词串实际上是根据语言模型得到的，假设使用的是 Bi-gram 模型预测下一个单词，排序过程如下：p（‘天气’|‘济南’）> p（‘大学’|‘济南’）> p(‘地铁’|‘济南’) > …，这些概率值是根据 N-gram 模型求得的，数据来源主要是用户搜索的日志。

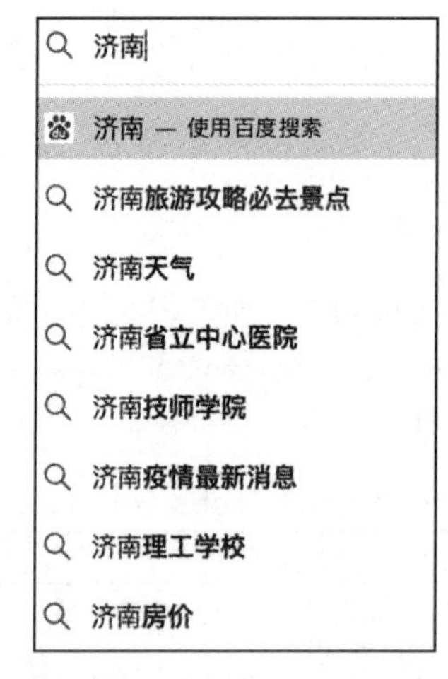

图 2-2　百度搜索

2）垃圾邮件识别。先对邮件文本进行断句，以句尾标点符号（“。”“！”“？”）等分隔符将邮件内容拆分成不同的句子。用 N-gram 分类器判断每个句子是否为垃圾邮件中的敏感句子。当被判断为敏感句子的数量超过一定数量（比如 3 个）的时候，整个邮件则被认为是垃圾邮件。

2.2.3　平滑处理技术

平滑处理技术主要用于解决 N-gram 算法训练过程中存在的数据稀疏或零概率问题，是提高语言模型性能的核心技术。数据平滑是对概率为 0 的 n 元对进行估计。典型的平滑算法有加法平滑、Good-Turing 平滑、Katz 平滑、插值平滑等。下面重点介绍几种平滑处理技术，方便我们在实际应用场景中快速解决零概率问题。

1. Laplace 法则（加 1 平滑）

Laplace 法则（加 1 平滑）是最简单、最直观的平滑处理技术。既然希望没有出现过的 N-gram 特征的概率不是 0，那就不妨规定任何一个 N-gram 特征在训练语料中至少出现一次，则：

$$\text{count}_{\text{new}}(\text{N-gram}) = \text{count}_{\text{old}}(\text{N-gram}) + 1$$

于是，对于 Tri-gram 算法而言，会有：

$$P_{\text{add1}}(w_i)=\frac{C(w_i)+1}{M+|V|}$$

其中，M 是训练语料中所有的 N-gram 的特征数量，而 V 是所有可能的不同的 N-gram 特征数量。同理，对于 Bi-gram 算法而言，可得：

$$P_{\text{add1}}(w_i|w_{i-1})=\frac{C(w_{i-1},w_i)+1}{C(w_{i-1})+|V|}$$

对于 N-gram 算法而言，可得：

$$P_{\text{add1}}(w_i|w_{i-n-1},\cdots,w_{i-1})=\frac{C(w_{i-n-1},\cdots,w_i)+1}{C(w_{i-n+1},\cdots,w_{i-1})+|V|}$$

$C(w_{i-n+1})$ 表示字符串 $w_{i-n+1},\cdots,w_i$ 在语料中出现的次数，$C(w_{i-n+1},\cdots,w_{i-1})$ 表示字符串 $w_{i-n+1},\cdots,w_{i-1}$ 在语料中出现的次数。

例如，对于句子 <s> the rat ate the cheese </s>，我们可以来试着计算一下经 Laplace 法则（加 1 平滑）处理后的 $P(\text{ate}|\text{rat})$ 以及 $P(\text{ate}|\text{cheese})$，即

$$P(\text{ate}|\text{rat})=\frac{C(\text{rat \& ate})+1}{C(\text{rat})+|V|}=\frac{2}{6}$$

$$P(\text{ate}|\text{cheese})=\frac{C(\text{cheese \& ate})+1}{C(\text{cheese})+|V|}=\frac{1}{6}$$

注意：前面我们说过 V 是所有可能的不同的 N-gram 的特征数量，在这个例子中，它其实就是语料库中的词汇量，而这个词汇量是不包括 <s> 的，但需要包括 </s>。对此可以这样理解，由于符号 <s> 表示一个句子的开始，所以评估 <s> 在 W 条件下的概率是没有意义的，因为在给定单词 W 的情况下来评估下一个单词可能是 <s> 的概率是没有任何意义的，这种情况并不会发生。但是，同样的情况对于结束符则是有意义的。如此一来，训练语料中未出现的 N-gram 特征的概率不再为 0，而是一个大于 0 的较小的概率值。

Laplace 法则（加 1 平滑）确实解决了我们的问题，但显然它并不完美。由于训练语料中未出现的 N-gram 特征数量太多，平滑后所有未出现的 N-gram 特征在整个概率分布中占了很大的比例，因此，在 NLP 中，这种方法给训练语料中没有出现过的 N-gram 特征分配了太多的概率空间。不过，对于出现在训练语料中的 N-gram 特征给予相同的概率值是否合理仍值得推敲。

2. Laplace 法则（加 *k* 平滑）

Laplace 法则（加 1 平滑）对概率值的改动过大，另一种改进方法是将词频数从加 1 修改为加 k，k 通常根据一个单独的验证语料集来确定最优值。概率计算公式变成：

$$P_{\text{addk}}(w_i|w_{i-n+1},\cdots,w_{i-1})=\frac{C(w_{i-n+1},\cdots,w_i)+k}{C(w_{i-n+1},\cdots,w_{i-1})+k|V|}$$

通常，加 k 算法的效果会比加 1 算法的效果稍好，但是显然它不能完全解决问题。至少在实践中，k 必须人为设定，而这个值的设定很难把握。

3. 折扣算法

折扣算法主要是指利用只出现过一次的 N-gram 特征计数来估计未出现的 N-gram 特征的概率。如分析训练语料中某一类 N-gram 特征，记其总词数为 N，其中刚好出现 r 次的不同词的个数为 N_r，则 $N=\sum_r rN_r$。

对于任何出现了 r 次的词，假设其出现了 r^* 次：

$$r^*=\frac{(r+1)N_{r+1}}{N_r}$$

如对 $r=0$，$r^*=\frac{N_1}{N_0}$，注意 $\sum_r r^*N_r=\sum_r(r+1)N_{r+1}=\sum_r rN_r=N$，可以看出打折前后概率和始终保持为 1，对于发生频次最大的词，记其频次为 M，有 $(M+1)N_{M+1}=0$。

技巧：

1）如果采用 N-gram 算法，可以在文本开头加入 n-1 个虚拟的开始符号，以保证所有情况下预测下一个词的可依赖词数都是一致的；

2）与朴素贝叶斯方法一样，N-gram 算法容易发生零概率问题，需要进行适当的平滑技术处理。

2.3　基于相似度计算的文章判重

在自然语言处理任务中，我们经常需要判断两篇文档是否相似以及相似的程度。比如，基于聚类算法挖掘微博热点话题时，我们需要度量各篇文本的内容相似度，然后让内容足够相似的微博聚成一簇；在问答系统中，一些经典问题和对应的答案已经被收集，当用户的问题和经典问题很相似时，系统会直接返回被收集数据的答案；在对语料进行入库处理时，我们需要基于文本的相似度，把重复的文本检测出来以防止相似的内容占用内存资源等。总之，文本相似度计算可以帮助我们解决很多复杂的业务问题。

2.3.1　文本相似度计算任务的分析

本节主要讲述文本相似度的任务目标。常用的文本表示模型及相似度度量方法，同时介绍有监督和无监督文本相似度的计算区别。

1. 任务目标

文本相似度的主要任务是计算两篇文档的相似程度，通常用 [0,1] 之间的小数来表示。相似程度的衡量不仅在鉴别抄袭场景中使用，在内容质量、内容理解等诸多场景中也发挥着至关重要的作用。

2. 候选方案

文本相似度计算主要包含两部分，即文本特征表示和相似度度量。文本特征表示主要是将文本内容表示成计算机可以计算的数值特征向量；相似度度量主要衡量数值特征向量之间的相似距离。文本特征表示和相似度度量可供选择的方法很多，合适的选择足可以组合出一个恰当的文本相似度计算方案。常见的文本特征表示模型和相似度度量方法如表 2-10 所示。

表 2-10　常见的文本特征表示模型和相似度度量方法

文本特征表示模型		相似度度量方法特征
文本切分粒度	特征构建方法	
原始字符串	TF	最小编辑距离
N-gram	TF-IDF	欧氏距离
词语	句向量	余弦距离
句法分析结果	词向量	Jaccard 相似度
主题模型	SimHash	海明距离

3. 有监督和无监督文本相似度的计算区别

有监督文本相似度是通过有标注的语料库结合朴素贝叶斯等传统的机器学习模型计算文本之间的相似度。但训练语料需要人工标注，很难标注出大量可用数据用于模型的训练。

无监督文本相似度是通过欧氏距离、余弦距离等直接计算两个文本的相似度。该方法不需要大量的数据标注，简化了工作量，且对语言的依赖性很低，可以应对多种混合的应用场景，但是，相似度计算过程耗费时间过多，速度较慢。

2.3.2　距离度量方式

在计算文本相似度时，常常需要通过计算两个文本之间的距离判断文本的相似程度，以下是几种常见的相似度距离度量方式。

1. 欧氏距离

假设有两个数值向量，表示两个实例在欧氏空间中的位置：

$$\boldsymbol{A}=(a_1, a_2, \cdots, a_i, \cdots, a_N)$$

$$\boldsymbol{B}=(b_1, b_2, \cdots, b_i, \cdots, b_N)$$

欧氏距离的计算公式为：

$$\text{distance}=\sqrt{((\boldsymbol{A}-\boldsymbol{B})\cdot(\boldsymbol{A}-\boldsymbol{B})^{\mathrm{T}})}$$

欧氏距离是比较符合我们直觉的一种距离度量方式。它认为事物的所有特征都是平等的，两个实例在所有维度上的差异的总和，就是二者的距离，如图 2-3 所示。

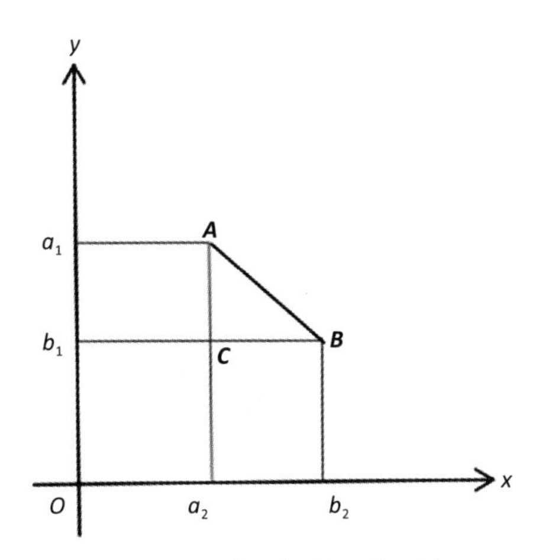

图 2-3　二维空间的两点距离

基于欧氏距离的文本相似度的计算示例如下。

两个句子的分词结果：

Words1 = { “请”，“问”，“食堂”，“在”，“哪里”，“？” }
Words2 = { “请”，“问”，“饭店”，“在”，“哪里”，“？” }

假设词汇表是：

Vocabulary = { “问”，“在”，“？”，“哪里”，“食堂”，“饭店”，“请” }

两个句子对应的向量为：

Vec1 = (1，1，1，1，1，0，1)
Vec2 = (1，1，1，1，0，1，1)

两者之间的欧氏距离为：

$$\text{distance}=\sqrt{(1-1)^2+(1-1)^2+(1-1)^2+(1-1)^2+(0-1)^2+(1-0)^2+(1-1)^2}=\sqrt{2}$$

两个文本的相似度可以表示为：

$$\text{Similarity}=\frac{1}{\text{distance}+1}=\frac{1}{\sqrt{2}+1}$$

欧氏距离的 Python 实现代码如下：

```
import math
import numpy as np

def eucliDist(A, B):
    """
    计算两点之间的距离
    """
    return math.sqrt(sum([(a - b)**2 for (a, b) in zip(A, B)]))

def eucliDist(A, B):
    """
    计算两点之间的距离
    """
    return np.sqrt(sum(np.power((A - B),  2)))

X = [1, 2, 3, 4]
Y = [0, 1, 2, 3]
print(eucliDist(X, Y))
```

2. 余弦距离

余弦距离可以体现两个向量在方向上的差异性，因此，我们可以用它来度量某些事物的差异。余弦距离来源于向量之间夹角的余弦值。假设空间中有两个向量：

$$\boldsymbol{A}=(a_1,a_2,\cdots,a_i,\cdots,a_N)$$

$$\boldsymbol{B}=(b_1,b_2,\cdots,b_i,\cdots,b_N)$$

那么二者夹角的余弦值等于：

$$\cos=\frac{\boldsymbol{A}\cdot\boldsymbol{B}^{\mathrm{T}}}{|\boldsymbol{A}|\cdot|\boldsymbol{B}|}=\frac{\sum_{i=1}^{N}a_ib_i}{\sqrt{\sum_{i=1}^{N}a_i^2}\sqrt{\sum_{i=1}^{N}b_i^2}}$$

两个向量之间夹角的示意图如图 2-4 所示。

假设语义空间中存在一个原点，以原点为起点，文本特征表示的点为终点，构成文本语义向量。因此，我们可以用两篇文档的语义向量的夹角余弦值来表示它们的差异。

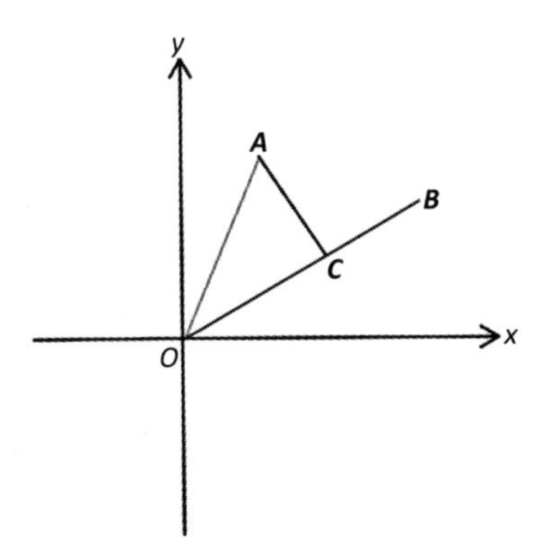

图 2-4 两个向量之间夹角的示意图

余弦值的取值范围为 [0,1]，余弦相似度为：

$$\text{Similarity} = 1 - \cos\theta$$

当文本特征维度较高的时候，通过余弦距离计算两个文本的相似性区分度不高，因此，余弦相似度计算更适合计算短文本相似度的场景。

3. Jaccard 相似系数

Jaccard 相似系数一般被用来度量两个集合的差异大小，假设有两个集合 A 和 B，那么二者的 Jaccard 相似度为：

$$\text{Similarity} = \frac{|A \cap B|}{|A \cup B|} = \frac{\text{len}(A \text{ and } B)}{\text{len}(A \text{ or } B)}$$

Jaccard 相似度计算忽略了文本长度差异，例如“我对内容理解爱的深沉”和“我对内容理解爱的深沉我对内容理解爱的深沉我对内容理解爱的深沉”这两句话通过 Jaccard 计算的相似度为 1，完全相同。但实际上，这两句话并不相同。为了解决这个问题，需要在 Jaccard 相似度计算公式的分母上增加一个对文本长度差异的惩罚：

$$\text{Similarity} = \frac{|A \cap B|}{|A \cup B| + \alpha \times \max(|A - B|, |B - A|)} = \frac{\text{len}(A \text{ and } B)}{\text{len}(A \text{ or } B) + \alpha \times \text{abs}(\text{len}(A) - \text{len}(B))}$$

其中 α 是超参数，需要根据相似度的效果和实际应用的场景选择具体的超参数。

4. 海明距离

海明距离主要是计算词袋模型表征的两个向量各个维度上的取值是否相等。两个长度相等的字符串的海明距离是在相同位置上不同字符的个数，也就是将一个字符串替换成另一个字符串需要的替换次数。

其计算公式如下：

$$\text{distance} = \sum_{i=1}^{N} r_i$$

其中，

$$r_i = \begin{cases} 1, \ a_i != b_i \\ 0, \ a_i = b_i \end{cases}$$

a_i，b_i 是两个向量对应相同位置的数值。海明距离理解起来很容易，一般在图片重复检测场景中使用比较多。

2.3.3 基于 SimHash 算法进行文本重复检测

假设我们有海量的文本数据，需要根据文本内容对其进行去重。目前 NLP 中有很多文本重复检测的算法，但大数据维度上的文本重复检测对算法的效率有着很高的要求。SimHash 算法是 Google 公司进行海量网页重复检测的高效算法，它将原始的文本映射为 64 位的二进制数字串，然后通过比较二进制数字串的差异来表示原始文本内容的差异。如果两篇文章的相似度较高，那么它们的 SimHash 码只有部分位不同，其他位相同。这样就可以通过海明距离衡量两个文档的相似度。SimHash 算法与普通 Hash 算法的区别在于它可以通过逐一对比二进制位来刻画文本相似度，而普通 Hash 算法无法做到这一点。

1. 基于 SimHash 算法进行文本重复检测的计算流程

基于 SimHash 算法文本重复检测计算流程主要包括 5 个步骤，下面依次进行讲解。

1）分词。对文章进行分词处理，可以通过 TF-IDF 算法提取前 K 个权重最高的关键词以及权重，即一篇文章得到一个长度为 K 个特征及其权重的集合。

2）Hash 计算。通过 Hash 函数计算各个特征向量的 Hash 值。Hash 值为二进制数 0、1 组成的 n-bit 签名。比如“茶壶”的 Hash 值为 100101，“饺子”的 Hash 值为 101011。

3）加权。所有特征经过 Hash 值的计算进行加权操作，即 W=Hash 值 × 权重。例如“茶壶”的 Hash 值为 100101，权重为 4，则计算结果为：

$$W = 100101 \times 4 = 4-4-44-44$$

“饺子”的 Hash 值为 101011，权重为 5，则计算结果为：

$$W = 101011 \times 5 = 5-55-555$$

4）合并。将各个特征向量的加权结果进行累加，变成一个序列串。例如，对“茶壶”和“饺子”加权后的结果进行合并：

$$4+5 \ -4+-5 \ -4+5 \ 4+-5 \ -4+5 \ 4+5 = 9-91-119$$

5）降维。对于 n-bit 签名的合并结果进行降维，如果当前位置的数字大于 0 则映射成 1，其他数字则映射成 0。例如“9−91−119”降维得到的 01 串为“1 0 1 0 1 1”，从而形成 SimHash 签名。整个流程如图 2-5 所示。

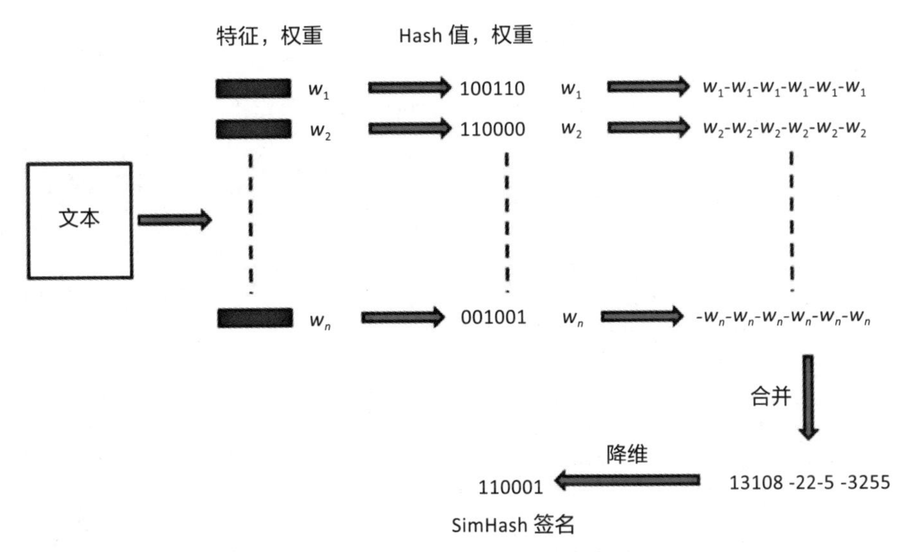

图 2-5 SimHash 算法文本相似度计算全流程图

2. SimHash 算法实现

下面是 SimHash 算法的完整实现过程，代码如下所示：

```
import jieba
import jieba.analyse
import numpy as np

class simhash:

    def __init__(self, content):
        """
        构造函数
        """
        self.simhash = self.simhash(content)

    def __str__(self):
        """
        toString 函数
        """
        return str(self.simhash)

    def simhash(self, content):
        """
        生成 SimHash 值
        """
        # 分词操作
        seg = jieba.cut(content)
        # 设置停用词表
        jieba.analyse.set_stop_words('stopword.txt')
        # 关键词提取
        keyWord = jieba.analyse.extract_tags('|'.join(seg), topK=20, withWeight=
            True, allowPOS=())

        keyList = []
        for feature, weight in keyWord:
            weight = int(weight * 20)
            feature = self.string_hash(feature)
            temp = []
            for i in feature:
                if (i == '1'):
                    temp.append(weight)
                else:
                    temp.append(-weight)
```

```
            keyList.append(temp)
        list_res = np.sum(np.array(keyList), axis=0)

        if (keyList == []):
            return '00'
        simhash = ''
        for i in list_res:
            if (i > 0):
                simhash = simhash + '1'
            else:
                simhash = simhash + '0'

        return simhash

    def string_hash(self, source):
        """
        针对 source 生成 Hash 值
        """
        if source == "":
            return 0
        else:
            x = ord(source[0]) << 7
            m = 1000003
            mask = 2 ** 128 - 1
            for c in source:
                x = ((x * m) ^ ord(c)) & mask
            x ^= len(source)
            if x == -1:
                x = -2
            x = bin(x).replace('0b', '').zfill(64)[-64:]
            print(source, x)
            return str(x)

    def hammingDis(self, com):
        t1 = '0b' + self.simhash
        t2 = '0b' + com.simhash
        n = int(t1, 2) ^ int(t2, 2)
        i = 0
        while n:
            n &= (n - 1)
            i += 1
        if i <= 18:
            return "文本相似"
        else:
```

```
            return " 文本不相似 "

if __name__ == "__main__":
    text1 = open("article1.txt", "r", Encoding="utf-8")
    text2 = open("article2.txt", "r", Encoding="utf-8")
    simhash.hammingDis(text1, text2)
    text1.close()
    text2.close()
```

本节中的SimHash算法主要用于鉴别抄袭场景中，查询速度很快，效率很高，在风控领域的使用也较多。

2.4 本章小结

本章主要对文本内容中句子、段落以及篇章不同级别的重复情况给出检测方案以及实践流程。2.1节主要讲解了几种标题重复识别以及标题重复去重的方法。2.2节主要讲解了N-gram算法如何进行段落重复的去重操作，提升业务问题中低质量内容的质量。2.3节主要讲解了篇章级别的内容重复程度判别，讲解了4种文本相似度度量方式，以及如何基于SimHash算法进行文章重复检测。

CHAPTER 3

第3章

内容通顺度识别及纠正

在诸多的业务场景中，我们经常会遇到句子或者标题不通顺的情况，这种内容分发出去会严重影响用户的体验，因此，我们需要做一些策略针对不通顺的内容进行检测和修正。面对低质内容业内还没有统一的解决方案，需要结合具体的业务场景进行探索。下文将详细介绍如何解决数据量不足的问题以及如何通过算法模型进行内容通顺度识别的过程。

3.1 数据增强

随着AI技术的逐步发展，深度学习模型对数据规模的要求也逐步提升。而在分类任务中，若不同类别数据量相差很大，模型会出现过拟合现象，严重影响预测的正确性。

从广义上来讲，有监督模型的效果相对半监督或无监督模型都是领先的。但是有监督模型需要获取大量的标注数据，当数据需求达到十万、百万甚至更多时，人工标注数据的成本会让很多人望而却步。

数据增强起初在计算机视觉领域应用较多，主要是指运用各种技术生成新的训练样本，如通过对图像的平移、旋转、压缩、调整色彩等方式创造新的数据。虽然新的样本在一定程度上改变了外观，但是样本的标签保持不变。NLP中的数据是离散的，这导致我们无法对输入数据进行直接简单地转换，换掉一个词就有可能改变整个句子的含义。因此本章将重点介绍文本数据增强的方法和技术，以快速补充文本数据。

现有NLP的数据增强大致有两个思路，即通过加噪或者回译的方式实现数据增强，均为有监督学习方法。加噪主要是在原数据的基础上通过替换词、删除词等方式创造与原数据相似的新数据。回译是将原有数据翻译为其他语言再翻译回原语言。由于语言逻辑顺序等的不同，通过回译的方法也往往能够得到与原数据差别较大的新数据。

1. 简单数据增强的概念及其技巧

简单数据增强（Easy Data Augmentation，EDA）提出并验证了几种加噪的数据增强的技巧，分别是同义词替换、随机插入、随机交换、随机删除。下面进行简单介绍。

1）同义词替换。随机从句子中抽取 *n* 个词（抽取时不包括停用词），然后随机找出抽取这些词的同义词，用同义词替换原词。例如将句子“我比较喜欢猫”替换成“我有点喜好猫”。通过同义词替换后句子大概率还是会有相同的标签的。

2）随机插入。随机从句子中抽取 1 个词（抽取时不包括停用词），然后随机选择该词的一个同义词，插入原来句子中的随机位置，重复这一过程 *n* 次。例如将句子“我比较喜欢猫”改为“我比较喜欢猫有点”。

3）随机交换。在句子中，随机交换两个词的位置，重复这一过程 *n* 次。例如将句子“我比较喜欢猫”改为“喜欢我猫比较”。

4）随机删除。句子的每一个单词，都有一定的概率被删除。例如将句子“我比较喜欢猫”改为“我比较猫”。

2. 简单数据增强的性能

使用不同的分类模型进行验证，分别对比使用 EDA 和不使用 EDA 时 4 个数据集上的平均准确率，如表 3-1 所示。

表 3-1　平均准确率对比

模型	训练数据集规模			
	500	2000	5000	＞5000
RNN	75.3	83.7	86.7	87.4
RNN+EDA	79.1	84.4	87.3	88.3
CNN	78.6	85.6	87.7	88.3
CNN+EDA	80.7	86.4	88.3	88.8
Average	76.9	84.6	86.9	87.8
Average+EDA	79.9	85.4	87.8	88.6

在规模分别为 500、2000、5000 及 5000 以上的训练数据集发现，训练数据集规模越小，效果提升越明显。例如，使用 EDA 后，规模为 2000 和 5000 以上的数据集的平均准确率都提高 0.8%，规模为 500 的数据集的平均准确率提高 3%。总地来说，使用 EDA 可以提升模型的性能，用得数据集越小，准确率提升得越明显。当数据集比较大时，使用随机插入和随机删除进行数据增强还有可能会降低模型的性能。

数据增强主要需要配置 3 个参数：待配置参数 n 示一个句子修改多少个单词，一般设置为 $\alpha \times L$，其中 L 为句子长度，即句子越长，可以修改的单词越多；待配置参数 α 表示修改句子中多少比例的单词；待配置参数 n_{aug} 表示一个句子生成多少个新句子。推荐的参数组合如表 3-2 所示。

表 3-2　数据增强参数组合

训练集数据量	α	n_{aug}
500	0.05	16
2000	0.05	8
5000	0.1	4
> 5000	0.1	4

不同训练集的数据量不同，可以结合最终的模型效果选择最优的数据增强的参数组合。

3. 简单数据增强的实现

数据增强在实际的业务场景中也存在一定的局限性，使用同义词替换少量的单词，但同义词与原词往往具有比较相似的词向量，因此有时候未必可以真正起到扩充的作用。随机插入或随机交换单词会改变原本句子的语法结构，这会给一些对语法结构、语义结构要求比较高的任务带来一定的影响。删除随机单词，如果删除的是一些核心词，可能会导致数据在特征空间中偏离原来的标签。所以，一般在业务场景中选择同义词替换进行简单的数据增强。简单数据增强的实现代码如下所示：

```
import jieba
import synonyms
import random
from random import shuffle
random.seed(2019)
```

```
def read_file(path):
    """
    读取停用词表，默认使用百度的停用词表
    :param path: 停用词表的路径
    :return: 数组
    """
    f = open(path)
    stop_words = list()
    for stop_word in f.readlines():
        stop_words.append(stop_word[:-1])
    return stop_words

def synonym_replacement(words, n):
    """
    同义词的替换过程，替换一个语句中的n个单词为其同义词
    :param words: 需要替换的句子，n表示需要替换的个数
    :return: 替换之后的结果
    """
    new_words = words.copy()
    random_word_list = list(set([word for word in words if word not in stop_words]))
    random.shuffle(random_word_list)
    num_replaced = 0
    for random_word in random_word_list:
        synonyms = get_synonyms(random_word)
        if len(synonyms) >= 1:
            synonym = random.choice(synonyms)
            new_words = [synonym if word == random_word else word for word in
                new_words]
            num_replaced += 1
        if num_replaced >= n:
            break
    sentence = ' '.join(new_words)
    new_words = sentence.split(' ')
    return new_words

def get_synonyms(word):
    """
    得到某个词的同义词
    :param word:
    :return: 返回最相近的五个词
    """
    return synonyms.nearby(word)[0][:5]

def random_insertion(words, n):
```

```
    """
    随机插入
    :param words: 需要插入的句子, n表示需要插入的个数
    :return: 返回插入的词
    """
    new_words = words.copy()
    for _ in range(n):
        add_word(new_words)
    return new_words

def add_word(new_words):
    """
    随机插入过程
    :param new_words: 插入的词
    :return: 返回插入后的结果
    """
    synonyms = []
    counter = 0
    while len(synonyms) < 1:
        random_word = new_words[random.randint(0, len(new_words) - 1)]
        synonyms = get_synonyms(random_word)
        counter += 1
        if counter >= 10:
            return
    random_synonym = random.choice(synonyms)
    random_idx = random.randint(0, len(new_words) - 1)
    new_words.insert(random_idx, random_synonym)

def random_swap(words, n):
    """
    获得随机交换的词语
    :param words: 需要交换的句子, n表示需要交换的个数
    :return: 返回可以交换的词
    """
    new_words = words.copy()
    for _ in range(n):
        new_words = swap_word(new_words)
    return new_words

def swap_word(new_words):
    """
    随机交换的过程
    :param new_words: 交换的词
    :return: 返回交换后的结果
```

```
    """
    random_idx_1 = random.randint(0, len(new_words) - 1)
    random_idx_2 = random_idx_1
    counter = 0
    while random_idx_2 == random_idx_1:
        random_idx_2 = random.randint(0, len(new_words) - 1)
        counter += 1
        if counter > 3:
            return new_words

    new_words[random_idx_1], new_words[random_idx_2] = new_words[random_idx_2],
        new_words[random_idx_1]
    return new_words

def random_deletion(words, p):
    """
    随机删除的过程
    :param words: 可以删除的词, p 表示以概率 p 删除语句中的词
    :return: 返回删除后的结果
    """
    if len(words) == 1:
        return words
    new_words = []
    for word in words:
        r = random.uniform(0, 1)
        if r > p:
            new_words.append(word)
    if len(new_words) == 0:
        rand_int = random.randint(0, len(words) - 1)
        return [words[rand_int]]
    return new_words

def eda(sentence, alpha_sr=0.5, alpha_ri=0.1, alpha_rs=0.1, p_rd=0.1, num_aug=2):
    """
    数据增强的过程
    :param sentense: 需要增强的句子, 增删改插的概率, 得到的句子的数量
    :return: 返回增强之后的结果
    """
    seg_list = jieba.cut(sentence)
    seg_list = " ".join(seg_list)
    words = list(seg_list.split())
    num_words = len(words)
    augmented_sentences = []
    num_new_per_technique = int(num_aug / 4) + 1
```

```
    n_sr = max(1, int(alpha_sr * num_words))
    n_ri = max(1, int(alpha_ri * num_words))
    n_rs = max(1, int(alpha_rs * num_words))
    # print(words, "\n")
    # 同义词替换 sr
    for _ in range(num_new_per_technique):
        a_words = synonym_replacement(words, n_sr)
        augmented_sentences.append(' '.join(a_words))
    # 随机插入 ri
    for _ in range(num_new_per_technique):
        a_words = random_insertion(words, n_ri)
        augmented_sentences.append(' '.join(a_words))
    # 随机交换 rs
    for _ in range(num_new_per_technique):
        a_words = random_swap(words, n_rs)
        augmented_sentences.append(' '.join(a_words))
    # 随机删除 rd
    for _ in range(num_new_per_technique):
        a_words = random_deletion(words, p_rd)
        augmented_sentences.append(' '.join(a_words))
    print(augmented_sentences)
    shuffle(augmented_sentences)
    if num_aug >= 1:
        augmented_sentences = augmented_sentences[:num_aug]
    else:
        keep_prob = num_aug / len(augmented_sentences)
        augmented_sentences = [s for s in augmented_sentences if random.uniform
            (0, 1) < keep_prob]
    augmented_sentences.append(seg_list)
    return augmented_sentences

if __name__ == '__main__':
    path = '../data/dict.txt'
    # 加载停用词表
    stop_words = read_file(path)

    res = eda(sentence="吃一个月代餐不运动会瘦多少？")
    print(res)
```

3.2 基于 FastText 算法的句子通顺度识别

FastText 算法在业内的很多分类任务场景中的使用频率非常高，因其在大量的训练数据上训练的速度很快，效果也不逊色于大模型，因此，我们经常使用该算法解决一些具体的分类任务。在实际的业务场景中，我们可以优先选择该模型，成本比较低，部署也相对容易，可以快速迭代评估在数据集上的表现。本节主要讲解基于 FastText 算法的句子通顺度识别原理以及在句子不通顺的场景中如何应用落地。

3.2.1 CBOW 模型

在介绍 FastText 模型前，我们先了解一下 CBOW 模型，二者结构相似，理解它，有助于更好地理解 FastText 算法。CBOW（Continuous Bag-Of-Word，连续词袋）模型是指通过给定的上下文的多个词，预测缺失词出现的概率。它的思路是这样的：利用输入上下文词向量的加权平均值与输入层到隐藏层权重的积作为输入。CBOW 模型的实现流程如图 3-1 所示。

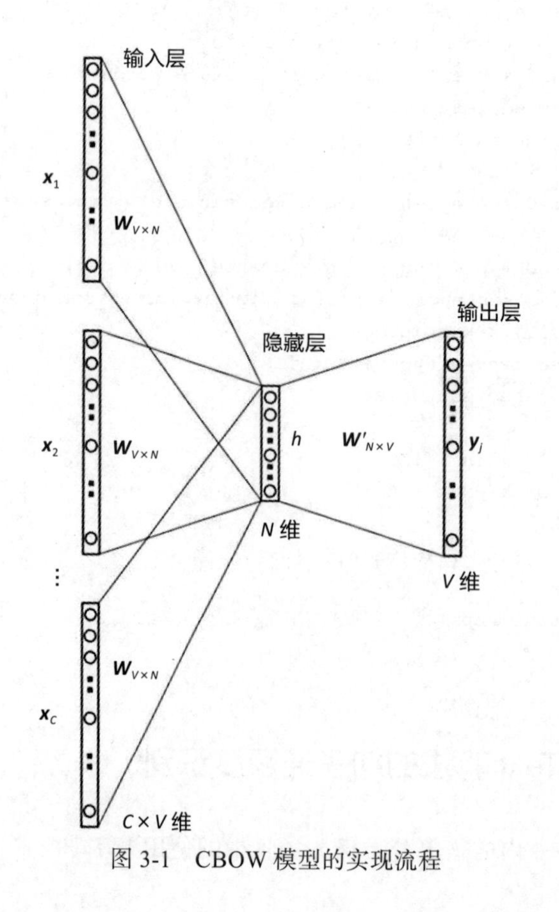

图 3-1　CBOW 模型的实现流程

在图 3-1 中，输入层是由独热编码的输入上下文 $\{\boldsymbol{x}_1, \cdots, \boldsymbol{x}_c\}$ 组成的，其中窗口大小为 C，词汇表大小为 V，隐藏层是 N 维的向量，最后输出层也是被独热编码的输出向量 $\boldsymbol{y}$。被独热编码的输入向量通过一个 $V \times N$ 维的权重矩阵 $\boldsymbol{W}$ 连接到隐藏层；隐藏层通过一个 $N \times V$ 的权重矩阵 $\boldsymbol{W'}$ 连接到输出层，假设我们知道输入与输出权重矩阵的大小。

第一步就是去计算隐藏层的输出 $\boldsymbol{h}$，如下：

$$\boldsymbol{h} = \frac{1}{C}\boldsymbol{W} \cdot \left(\sum_{i=1}^{C} x_i\right)$$

该输出就是输入向量的加权平均。

第二步就是计算在输出层每个节点的输入，如下

$$\boldsymbol{u}_j = v_{w_j}'^{\mathrm{T}} \cdot \boldsymbol{h}$$

其中 $v_{w_j}'^{\mathrm{T}}$ 是输出矩阵 $\boldsymbol{W'}$ 的第 j 列。

最后我们计算输出层的输出，输出 y_j 如下：

$$y_{c,j} = p(w_{y,j}|w_1,\cdots,w_c) = \frac{\mathrm{e}^{\boldsymbol{u}_j}}{\sum_{j'=1}^{V}\mathrm{e}^{\boldsymbol{u}'_j}}$$

CBOW 模型框架整体分析如下。

输入层：由目标词汇 $\boldsymbol{y}$ 的上下文单词 $\{\boldsymbol{x}_1, \cdots, \boldsymbol{x}_c\}$ 组成，$\boldsymbol{x}_i$ 是经过独热编码的 V 维向量，V 是词汇量大小；输入层通过 $V \times N$ 维的权重矩阵 $\boldsymbol{W}$ 连接到隐藏层；

隐藏层：N 维向量 $\boldsymbol{h}$，隐藏层通过 $N \times V$ 维的权重矩阵 $\boldsymbol{W'}$ 连接到输出层；

输出层：经过独热编码的目标词 $\boldsymbol{y}$（中间词），为提高计算效率，CBOW 输出层采用分层 Softmax。

3.2.2 FastText 算法原理

FastText 算法是一种简单高效的文本表示方法，性能与深度学习比肩。其核心思

想是：将整篇文档的词及N-gram特征向量加权平均得到文档向量，然后使用文档向量做Softmax多分类。该算法的创新点是引入字符级N-gram特征以及分层Softmax函数。图3-2为FastText算法框架图。

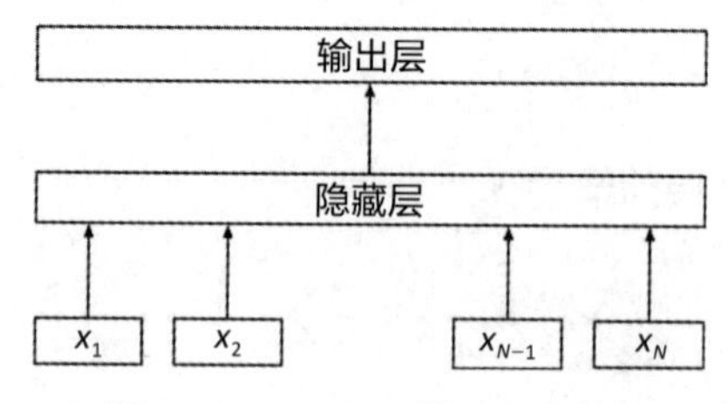

图3-2　FastText算法框架图

1. FastText算法框架

输入层：Embedding后的多个单词及其N-gram特征，这些特征用来表示单个文档。

隐藏层：对多个词向量的叠加平均。

输出层：是文档对应的类别标签；采用分层Softmax方式。

2. Softmax函数

Softmax函数称为归一化指数函数，常作为神经网络输出层的激活函数，它是二分类函数sigmoid在多分类上的推广，目的是将多分类的结果以概率的形式展现出来。Softmax函数定义如下：

$$\mathrm{Softmax}(z_i)=\frac{\mathrm{e}^{z_i}}{\sum_{c=1}^{C}\mathrm{e}^{z_c}}$$

其中z_i为第i个节点的输出值，C为输出节点的个数，即分类的类别个数。通过Softmax函数可以将多分类的输出值转换为范围在[0, 1]且和为1的概率分布。Softmax按照以下两步将预测结果转换为概率。

1）将预测结果转化为非负数。指数函数的值域取值范围是零到正无穷，如图3-3所示。第一步是将模型的预测结果转化到指数函数上，这样保证了概率的非负性。

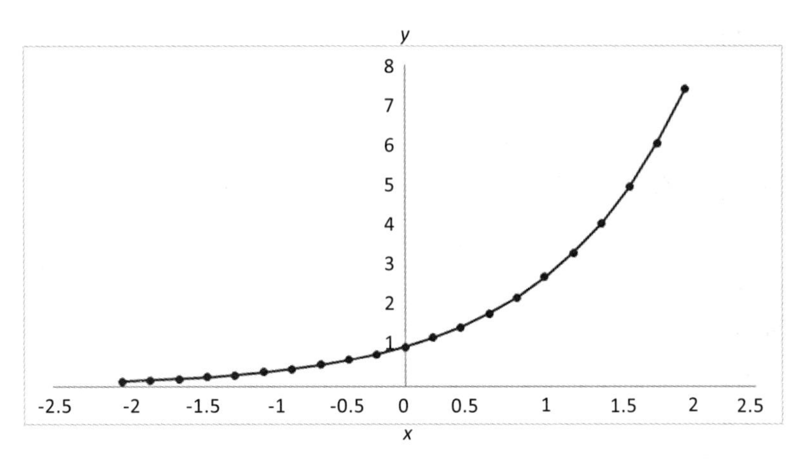

图 3-3　y=e^x 函数图像

2）使各个预测结果概率之和等于 1。这里我们只需要对转换后的结果进行归一化处理，方法就是将转化后的结果除以所有转化后结果之和，可以理解为转化后结果占总数的百分比。这样就得到近似的概率。下面举一个例子，如图 3-4 所示，假如模型对一个三分类问题的预测结果为 3、1、-3，我们要用 Softmax 函数将模型结果转换为概率，步骤如下。

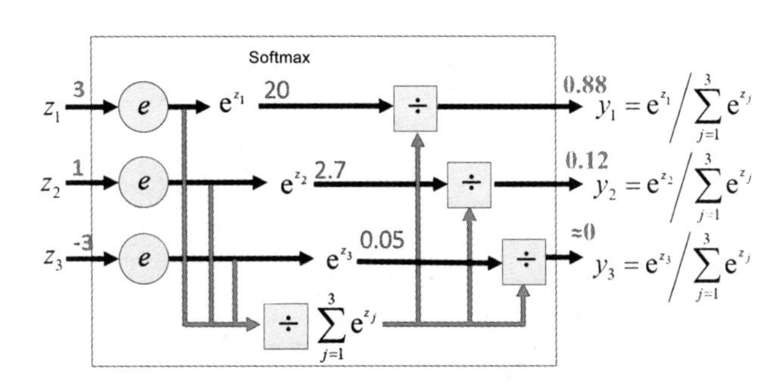

图 3-4　Softmax 函数的计算过程

将预测结果转化为非负数：

$$y_1 = \exp(x_1) = \exp(3) = 20$$

$$y_2 = \exp(x_2) = \exp(1) = 2.7$$

$$y_3 = \exp(x_3) = \exp(-3) = 0.05$$

各个预测结果概率之和等于 1：

$$z_1 = y_1 / (y_1 + y_2 + y_3) = 20 / (20 + 2.7 + 0.05) = 0.88$$

$$z_2 = y_2 / (y_1 + y_2 + y_3) = 2.7 / (20 + 2.7 + 0.05) = 0.12$$

$$z_3 = y_3 / (y_1 + y_2 + y_3) = 0.05 / (20 + 2.7 + 0.05) = 0$$

上面就是 Softmax 函数的计算流程，其通常在神经网络等模型中起到非常重要的作用，为后续讲解分层 Softmax 函数奠定了基础。

3. 分层 Softmax 函数

在标准的 Softmax 函数中，计算一个类别的 Softmax 概率时，需要对所有的类别概率做归一化，这在类别数量很大时会很耗时；分层 Softmax 函数的目的就是提高计算效率，方法是构造霍夫曼树（Huffman Tree）来代替标准 Softmax 函数，只需计算一条路径上的所有节点的概率值，无须在意其他的节点。通过分层 Softmax 函数可以将复杂度从 N 降低到 $\log N$。

1）霍夫曼树。给定 n 个数值作为 n 个叶子节点的权重，构造一棵二叉树，若带权路径长度达到最小，则称这样的二叉树为最优二叉树，也称为霍夫曼树，如图 3-5 所示。

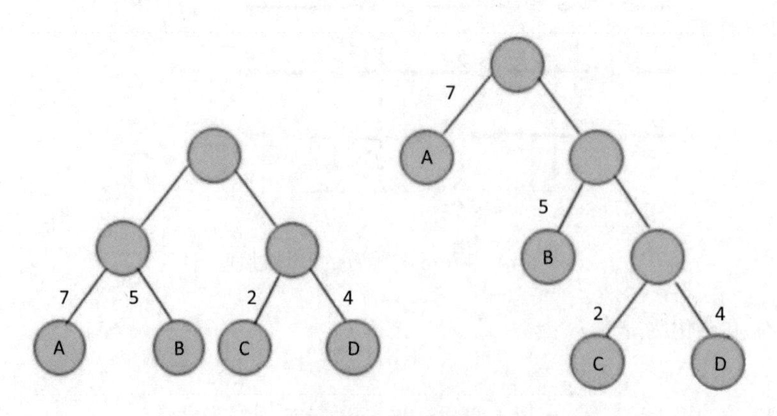

图 3-5 霍夫曼树

如图 3-5 所示，这里有两棵二叉树，叶子节点为 A、B、C、D，对应权值分别为 7、5、2、4。树的带权路径长度规定为所有叶子节点的带权路径长度之和，记为 WPL。

- 左树的 WPL =7 × 2+5 × 2+2 × 2+4 × 2=36
- 右树的 WPL =7 × 1+5 × 2+2 × 3+4 × 3=35

由 A、B、C、D 叶子节点构成的二叉树形态有许多种，但是 WPL 最小的树只有图 3-7 中右树所示的形态，则右树为一棵霍夫曼树。

2）分层 Softmax 函数。图 3-6 为分层 Softmax 结构。

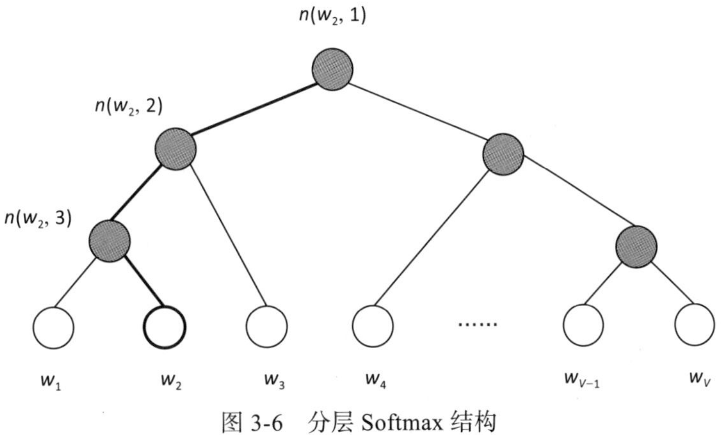

图 3-6　分层 Softmax 结构

如图 3-6 所示，这是根据类别标记的频数构造的霍夫曼树。K 个不同的类别标记组成所有的叶子节点，从根节点到某个叶子节点经过的节点和边形成一条路径，路径长度为 $L(w_i)$。需要计算目标词 w_i 的概率，这个概率的具体含义是指从根节点开始随机走，走到目标词 w_i 的概率。在非叶子节点处，需要分别知道往左走和往右走的概率。例如到达非叶子节点 n 时往左走和往右走的概率分别是：

$$p(n,\text{left})=\sigma(\theta_n^{\mathrm{T}}\cdot X)$$

$$p(n,\text{right})=1-\sigma(\theta_n^{\mathrm{T}}\cdot X)=\sigma(-\theta_n^{\mathrm{T}})$$

以图 3-6 中目标词 w_2 为例：

$$\begin{aligned}p(w_2)&=p(n(w_2,1),\text{left})\cdot p(n(w_2,2),\text{left})\cdot p(n(w_2,3),\text{right})\\&=\sigma(\theta_{n(w_2,1)}^{\mathrm{T}}\cdot h)\cdot\sigma(\theta_{n(w_2,2)}^{\mathrm{T}}\cdot h)\cdot\sigma(-\theta_{n(w_2,3)}^{\mathrm{T}}\cdot h)\end{aligned}$$

可以看出目标词为 w 的概率表示为：

$$p(w)=\prod_{j=1}^{L(w)-1}\sigma(\operatorname{sign}(w,j)\cdot\theta_{n(w,j)}^{\mathrm{T}}h)$$

其中 $\theta_{n(w,j)}$ 是非叶子节点 $n(w,j)$ 的向量表示（即输出向量）；h 是隐藏层的输出值，从输入词的向量中计算得来；$\operatorname{sign}(x,j)$ 是一个特殊函数定义：

$$\operatorname{sign}(w,j)=\begin{cases}1,n(w,j+1)\text{是}n(w,j)\text{的左孩子}\\-1,n(w,j+1)\text{是}n(w,j)\text{的右孩子}\end{cases}$$

此外，所有词的概率和为 1，即：

$$\sum_{i=1}^{n}p(w_i)=1$$

最终得到参数更新公式为：

$$\theta_j^{(\text{new})}=\theta_j^{(\text{old})}-\eta(\sigma(\theta_j^{\mathrm{T}}h)-t_j)h$$

其中，$j=1,2,\cdots,L(w)-1$

上面主要讲解了分层 Softmax 函数是 FastText 算法中很重要的创新。其中引 N-gram 特征也是一次创新，为罕见的单词生成更好的单词向量。对于上面字符级别的 N-gram 来说，即使这个单词出现的次数很少，但是组成单词的字符和其他单词有共享的部分，因此，可以优化生成的单词向量。也就是说，在词汇单词中，即使单词没有出现在训练语料库中，仍然可以从字符级 N-gram 中构造单词的词向量。N-gram 可以让模型学习到局部单词顺序的部分信息，因此，通过 N-gram 的方式关联相邻的几个词，会让模型在训练的时候保持词序信息。

注意：随着语料库的增加，内存需求也会不断增加，严重影响模型构建速度。针对这个问题，有以下几种常见的解决方案：

1）过滤掉出现次数少的单词；

2）使用 Hash 存储；

3）将字粒度转化为词粒度。

3.2.3 FastText 算法实战

一般在业务场景中遇到分类等问题的时候，我们会优先想到 FastText 算法，因为它的计算和训练速度都比较快。下面会重点介绍该算法是如何在业务场中落地的，例如在业务场景中遇到句子不通顺的情况时，如何通过该算法更好地将句子不通顺识别出来。

1. 数据分析

数据分析过程可以帮助我们与产品经理对齐标准，沟通清楚句子通顺和不通顺的边界是什么，最好能直接总结出一些通顺和不通顺的因子，这样后续可以帮助识别出不通顺的句子。通常最耗时的步骤就是对齐标准。数据分析还可以帮助我们从样本中发现有利于解决问题的线索。实际应用场景会积累出很多样本，作为研发人员，我们需要快速地分析样本，从中发现导致问题产生的原因，例如因句子被截断导致的语义不完整等。实际样本数据示例如表 3-3 所示。

表 3-3　实际样本数据示例

序号	样本示例
1	做了提眉术后已经两天了，打了两天点滴，还
2	整形医院在
3	激光去色素痣后留下的红印大概多久消气？可
4	切眉术后，眉头下面有小包，现在 4 感染，怎
5	祛眼袋的佳方法是什么
6	手上斑是么原因引起的
7	怎样速去眼袋和黑眼圈

2. 数据获取

在具体的业务场景中找出大量不通顺的句子的难度还是非常大的。为了发现更多句子不通顺的数据用于模型的构建，可以通过数据增强的方式对实际场景中语义完整的标题采用随机插入、随机交换、随机删除三种方式进行不通顺句子的构建，使得通顺和不通顺的句子的比例分别为 1:1，2:1，5:1，形成三份数据集，并且评估构建的数据集的准确率达到 85% 以上后，将截断的数据作为不通顺的数据用于模型构建中。

3. FastText 算法参数

FastText 算法中存在的参数在模型训练的过程中起到非常重要的作用，严重影响着模型的效果，因此，下面简单介绍一下相关参数。表 3-4 列举了 FastText 算法支持的不同用例。表 3-5 列举了基于 FastText 算法监督分类器参数。

表 3-4　FastText 算法支持的不同用例

参数	作用
supervised	训练一个监督分类器
quantize	量化模型以减少内存使用量
test	评估一个监督分类器
predict	预测最有可能的标签
Predict_prob	用概率预测最可能的标签
skipgram	训练一个 Skip-gram 模型
cbow	训练一个 CBOW 模型

表 3-5　基于 FastText 算法监督分类器参数

参数	作用
input_file	训练文件路径（必须）
output	输出文件路径（必须）
label_prefix	标签前缀，默认值为 __label__
lr	学习率，默认值为 0.1
lr_update_rate	学习率更新速率，默认值为 100
dim	词向量维度，默认值为 100
ws	上下文窗口大小，默认值为 5
epoch	epochs 数量，默认值为 5
min_count	最低词频，默认值为 5
word_ngrams	N-gram 设置，默认值为 1
loss	损失函数 {ns,hs,softax}，默认值为 softmax
minn	最小字符长度，默认值为 0
maxn	最大字符长度，默认值为 0
thread	线程数量，默认值为 12
t	采样阈值，默认值为 0.0001
silent	禁用 c++ 扩展日志输出，默认值为 1
Encoding	指定 input_file 编码，默认值为 utf-8
pretrained_vectors	指定使用已有的词向量 .vec 文件，默认值为 None

4. FastText 算法实现

通过 FastText 算法实现句子不通顺的分类流程主要分为数据加载、文本分词、停用词过滤、数据预处理、模型训练以及评估等方面，其代码如下所示：

```
# -*- coding:utf-8 -*-
import pandas as pd
import random
import fasttext
import jieba
from sklearn.model_selection import train_test_split

cate_dic = {'不通顺': 1, '通顺': 0}

def loadData():
    """
    函数说明：加载数据
    """
    # 利用 pandas 把数据读进来
    df_fluent_sentenses = pd.read_csv("./data/fluent_sentenses.csv", Encoding=
        "utf-8")
    df_fluent_sentenses = df_fluent_sentenses.dropna()  # 去空行处理

    df_no_fluent_sentenses = pd.read_csv("./data/no_fluent_sentenses.csv", Encoding=
        "utf-8")
    df_no_fluent_sentenses = df_no_fluent_sentenses.dropna()  # 去空行处理

    df_fluent_sentenses = df_fluent_sentenses.content.values.tolist()[1000:21000]
    df_no_fluent_sentenses = df_no_fluent_sentenses.content.values.tolist()[1000:
        21000]

    return df_fluent_sentenses, df_no_fluent_sentenses

def getStopWords(datapath):
    """
    函数说明：停用词
    参数说明：
        datapath：停用词路径
    返回值：
        stopwords：停用词
    """
    stopwords = pd.read_csv(datapath, index_col=False, quoting=3, sep="\t",
        names=['stopword'], Encoding='utf-8')
```

```
    stopwords = stopwords["stopword"].values
    return stopwords

def preprocess_text(content_line, sentences, category, stopwords):
    """
    函数说明：去停用词
    参数：
        content_line：文本数据
        sentences：存储的数据
        category：文本类别
    """
    for line in content_line:
        try:
            segs = jieba.lcut(line)  # 利用 Jieba 分词进行中文分词
            segs = filter(lambda x: len(x) > 1, segs)  # 去掉长度小于 1 的词
            segs = filter(lambda x: x not in stopwords, segs)  # 去掉停用词
            sentences.append("__lable__" + str(category) + " , " + " 
                ".join(segs))  # 把当前的文本和对应的类别拼接起来，组合成 FastText 文
                本格式
        except Exception as e:
            continue
def writeData(sentences, fileName):
    """
    函数说明：把处理好的数据写入文件中，备用
    参数说明：
    """
    print("writing data to fasttext format...")
    out = open(fileName, 'w')
    for sentence in sentences:
        out.write(sentence.encode('utf8') + "\n")
    print("done!")

def preprocessData(stopwords, saveDataFile):
    """
    函数说明：数据处理
    """
    fluent_sentenses, no_fluent_sentenses = loadData()

    # 去停用词，生成数据集
    sentences = []
    preprocess_text(fluent_sentenses, sentences, cate_dic["通顺"], stopwords)
    preprocess_text(no_fluent_sentenses, sentences, cate_dic["不通顺"], stopwords)

    random.shuffle(sentences)  # 做乱序处理，使得同类别的样本不至于扎堆
```

```
    writeData(sentences, saveDataFile)

if __name__ == "__main__":
    stopwordsFile = r"./data/stopwords.txt"
    stopwords = getStopWords(stopwordsFile)
    saveDataFile = r'train_data.txt'
    preprocessData(stopwords, saveDataFile)
    # fasttext.supervised():有监督的学习
    classifier = fasttext.supervised(saveDataFile, 'classifier.model', lable_
        prefix='__lable__')
    result = classifier.test(saveDataFile)
    print("precision:", result.precision)  # 准确率
    print("recall:", result.recall)  # 召回率
    print("Number of examples:", result.nexamples)  # 预测错的例子

    # 实际预测
    lable_to_cate = {1: '不通顺', 0: '通顺'}

    texts = ['拔牙的佳年龄']
    lables = classifier.predict('拔牙的佳年龄', k=2)
    print(lables)

    # 还可以得到类别+概率
    lables = classifier.predict_proba(texts)
    print(lables)

    # 还可以得到前k个类别
    lables = classifier.predict(texts, k = 3)
    print(lables)

    # 还可以得到前k个类别+概率
    lables = classifier.predict_proba(texts, k = 3)
print(lables)
```

特别需要注意的是，传进来的数据格式一定是双下划线且以 \t 形式分割的数据格式，流程才可以跑通，否则报错。分类效果展示如下：

```
__label__1 牙可以让蛀牙停
__label__1 光祛斑后皮肤更
__label__1 脸皮松弛最效的
__label__0 腋臭能根治吗
__label__0 漂唇后能吃黑豆黑米吗
```

仅仅通过FastText算法进行分类是不能完全满足业务需求的，而是只能满足部分情况，因此我们需要通过观察数据，总结一定的规则对没有检测出来的数据进行二次抽取，才能将句子不通顺的问题解决得更加彻底。针对医疗场景中的句子不通顺建立的规则如表3-6所示。

表3-6 针对医疗场景中的句子不通顺建立的规则

序号	规则	示例
1	含有重复词	深圳市深圳市为什么这么美丽
2	“的”字开头	的黄玫瑰
3	“是”字结尾	高龄产妇是
4	哪/那种；哪那些	哪些男科； 植发哪些
5	哪/那里；哪/那个；哪/那家	锤子那个； 沙发哪里； 哪个学校； 男科哪家
6	这么	祛痣这么
7	这样	去痘这样
8	这个这件	蛋糕这个
9	怎么	黄瓜怎么
10	多少	多少（本田） （隆鼻）多少
11	可以	（祛斑）可以
12	人称+“是”	（我）是
13	什么做；什么者 什么办；什么吃 什么事；什么的 是什么	烤鸭什么做； 什么的凉亭； 耳痛什么办； 是什么商标
14	名词和“什么”组合	什么软水机； 精囊炎什么
15	词性完全相同的同时出现	人类胶原蛋白

通过分析模型识别不准确、不通顺的样本，总结出表3-6所示的规则，然后根据这些规则对样本进行处理，效果好了很多。以上规则的代码实现如下：

```
#!/usr/bin/python
# -*- coding: UTF-8 -*-
import requests
```

```
import re
import json
import jieba
import jieba.posseg as pseg

fuhao_word_set = set()
def init_fuhao_word_dict(fuhao_word_path):
    """
    建立符号列表
    """
    global fuhao_word_dict
    input_file = open(fuhao_word_path, "r")
    lines = input_file.readlines()
    input_file.close()
    for line in lines:
        fuhao_word_set.add(line.strip())


white_fuhao_set_1 = set("""'"()[]{} ‘’“”《》（）【】{}"""[:])
white_fuhao_set_2 = set("""'"()[]{} ‘’“”《》（）【】{}?,？，"""[:])
white_fuhao_set_3 = set("""'"()[]{} ‘’“”《》（）【】{}?？…"""[:])
white_fuhao_set_3.add("...")
white_fuhao_set_3.add("……")
stop_word_set = set(["你好","谢谢","多谢"])


def get_word_list_jieba(content):
    """
    内容分词
    """
    seg = jieba.cut(content, cut_all=False)
    return list(seg)

def get_dis_fuhao_word_list(word_list):
    """
    获得去符号的列表
    """
    str_len = len(word_list)
    dis_word_list = []
    dis_word_num = 0
    fuhao_num = 0
    if str_len > 1:
        pro_idx = -1
        # pro_word = word_list[0]
```

```
        for i in range(0, str_len):
            if word_list[i] in fuhao_word_set:
                fuhao_num += 1
                if pro_idx == -1:
                    pro_idx = i
                    dis_word_list.append(word_list[i])
                else:
                    if word_list[pro_idx] in fuhao_word_set and word_list[i]
                        in fuhao_word_set:
                        dis_word_num += 1
                    else:
                        dis_word_list.append(word_list[i])
                        pro_idx = i
            else:
                pro_idx = -1
                dis_word_list.append(word_list[i])

    return dis_word_list, dis_word_num, fuhao_num


kuohao_map = {")": "(", "）": "（"}

def format_fuhao_word_list(word_list):
    """
    格式化符号列表
    """
    str_len = len(word_list)
    str_idx = 0
    res_word_list = []

    word_kuohao_dict = dict()

    if str_len > 1:
        for i in range(0, str_len):
            if word_list[i] in fuhao_word_set:
                if str_idx == 0:
                    if word_list[i] in white_fuhao_set_1:
                        res_word_list.append(word_list[i])
                        str_idx += 1
                    else:
                        pass
                else:
                    if i == str_len - 1:
                        if word_list[i] in white_fuhao_set_3:
```

```
                            res_word_list.append(word_list[i])
                            str_idx += 1
                    else:
                        if word_list[i] in white_fuhao_set_2:
                            res_word_list.append(word_list[i])
                            str_idx += 1
                        else:
                            res_word_list.append(" ")
                            str_idx += 1
            else:
                res_word_list.append(word_list[i])
                str_idx += 1
    if len(res_word_list) > 0:
        for i in range(0, len(res_word_list)):
            if res_word_list[i] in ["(", "（"]:
                word_kuohao_dict[res_word_list[i]] = i

            if res_word_list[i] in [")", "）"]:
                kuohao_tmp = kuohao_map.get(res_word_list[i])
                if kuohao_tmp in word_kuohao_dict:
                    word_kuohao_dict.pop(kuohao_tmp)
                else:
                    res_word_list[i] = " "
        if len(word_kuohao_dict) > 0:
            for j in word_kuohao_dict.values():
                res_word_list[j] = " "
        return res_word_list
    return word_list

def merge(sentence, max_ngram_length=4):
    """
    合并文本中连续重复的词
    """
    final_merge_sent = sentence
    max_ngram_length = min(max_ngram_length, len(sentence))
    for i in range(max_ngram_length, 0, -1):
        start = 0
        end = len(final_merge_sent) - i + 1
        ngrams = []
        while start < end:
            ngrams.append(final_merge_sent[start: start + i])
            start += 1
        result = []
        for cur_word in ngrams:
```

```
                result.append(cur_word)
                if len(result) > i:
                    pre_word = result[len(result) - i - 1]
                    if pre_word == cur_word:
                        for k in range(i):
                            result.pop()

        cur_merge_sent = ""
        for word in result:
            if not cur_merge_sent:
                cur_merge_sent += word
            else:
                cur_merge_sent += word[-1]
        final_merge_sent = cur_merge_sent
    if (len(final_merge_sent) - len(sentence)) > 2:
        return 1
    return 0

def regular_ze(title):
    """
    title: 输入的标题
    """
    irregular = ['这次','这么','这儿','这个','这样','这些','这么样','这程子',
        '这阵儿','这会儿','这么点儿','这么些','这的','这两天','这其间',
        '这麽','这夜','这末','这些儿','这般个','这荅','这伙','这搭里',
        '这边','这会子','这陀儿','这么点','这们','这么着','这早晚', '这么说',
        '这下子','这埚里','这等样','这说','这会','这埚儿']

    for i in irregular:
        if title.endswith(i):
            return 1
        else:
            continue
    return 0


def regular_zen(title):
    """
    title: 输入的标题
    """
    irregular = ['怎样','怎么','怎的','怎奈','怎地','怎着','怎样着','怎许'
        '怎麽着','怎见得','怎说','怎当得','怎麽','怎生','怎']

    for i in irregular:
```

```
        if title.endswith(i):
            return 1
        else:
            continue
    return 0

def regular_h(title):
    """
    title: 输入的标题
    """
    irregular = ['还', '还有', '还是']
    for i in irregular:
        if title.endswith(i):
            return 1
        else:
            continue
    return 0

def identify_common(part_list):
    """
    判断是否是完全相同的元素
    params:part_list 数据分词词性的列表
    """
    part_list_res = len(part_list)
    flag = True
    for i in range(part_list_res):
        if i == (part_list_res - 1):
            break
        if part_list[i] == part_list[i + 1]:
            continue
        else:
            flag = False

def regular(title):
    """
    title: 输入的标题
    """
    if title.startswith('的'):
        return 1
    elif title.endswith('是不是'):
        return 0
    elif title.endswith('怎么不是'):
        return 0
    elif title.endswith('在'):
```

```
        return 1
    elif '的佳' in title:
        return 1
    elif regular_ze(title) == 1:
        return 1
    elif regular_h(title) == 1:
        return 1
    elif merge(title, max_ngram_length=4) == 1:
        return 1
    else:
        pseg_cut = pseg.cut(title)
        r_flag = []
        for word, flag in pseg_cut:
            print(word, flag)
            r_flag.append(flag)
        print(r_flag)
        if identify_common(r_flag):
            return 1
        else:
            return 0

if __name__ == '__main__':
    init_fuhao_word_dict("./data/fuhao_1.txt")
    count = 0
    with open("./data/title.txt", "r") as f:
        for line in f.readlines():
            count = count + 1
            try:
                if count > 1:
                    item = line.strip().split('\t')
                    word_list = get_word_list_jieba(item[1])
                    dis_word_list, dis_word_num, fuhao_num = get_dis_fuhao_
                        word_list(word_list)
                    res_word_list = format_fuhao_word_list(dis_word_list)
                    res_word = ''.join(res_word_list)
                    # 标题是否不通顺
                    label = regular(res_word)
                    if label == 1:
                        print('该标题不通顺')

            except Exception as e:
                print(e)
```

针对模型没有检测出来的数据使用规则进行二次检测，准确率有很大的提高。

注意不通顺有几种特殊情况：

1）句子去重长度大于 2；

2）特殊字的开头和结尾的单独出现；

3）相同的词性不能共现。

通过这个句子不通顺的分类实例可以看到，在实际应用场景中，模型也是仅仅解决部分问题，需要与正则化结合起来才能更好地为业务发展助力。所以，我们需要更多的时间关注数据的分布以及占比，通过模型与正则化结合的方式解决问题。

3.3　基于 TextCNN 算法的分类任务实现

卷积神经网络（Convolutional Neural Network，CNN）是一类包含卷积计算且具有深度结构的前馈神经网络，是深度学习的代表算法之一。卷积神经网络具有表示学习能力，能够按其阶层结构对输入信息进行平移不变分类，因此也被称为平移不变人工神经网络。

随着深度学习理论的提出和数值计算设备的改进，卷积神经网络得到了快速发展，并被应用于计算机视觉、自然语言处理等领域。卷积神经网络仿造生物的视知觉机制构建，可以进行监督学习和非监督学习，其隐藏层内的卷积核参数共享和层间连接的稀疏性等特点使得卷积神经网络能够以较小的计算量对格点化特征（例如像素和音频）进行学习，有稳定的效果且对数据没有额外的特征工程要求。

TextCNN 算法主要是将卷积神经网络应用到文本分类任务中，利用多个不同尺寸的卷积核来提取句子中的关键信息（类似于多窗口大小的 N-gram 算法），从而更好地捕捉局部相关性。它与卷积神经网络最大的不同在于输入数据的差异性。下面会优先介绍 TextCNN 算法模型的专有名词，方便后续的理解。

3.3.1　专有名词简介

下面介绍几个 TextCNN 算法模型中涉及的专有名词，以便更好地理解该算法。

1）词向量（Word Vector）：将词汇转换成向量，将句子切分成词汇，去掉停用词，进行向量的表征用于模型的训练。

2）词嵌入（Embeding）：将一个词汇映射成固定维度的稠密向量。

3）词向量矩阵：每个词对应一个向量，一个句子由多个词汇组成，所以就形成二维矩阵，称为词向量矩阵。

4）过滤器（Filter）：常常称为卷积核。在自然语言处理中，每行表示一个特征向量，过滤器左右滑动没有任何意义，上下滑动才能学习到更多的特征，所以过滤器的长为词向量的长，而宽一般设置为奇数，如3、4、5等。

5）步长（Stride）：滑动步长。

6）填充（Padding）：用途有两个，一是解决输出大小不一致的问题，二是解决信息丢失的问题，主要是边缘信息丢失的问题。

7）池化（Pooling）：目的是保留主要特征的同时减少参数和计算量，防止过拟合。

8）Dropout是一种防止模型过拟合的技术，它的基本思想是在训练的时候随机丢弃一些神经元，这样可以提高模型的鲁棒性，因为不会太依赖某些局部的特征，增强了泛化能力。

3.3.2 算法介绍

TextCNN算法模型主要包含四部分：输入层、卷积层、池化层、全连接层+Softmax层，其结构相比图像领域简单很多，如图3-7所示。

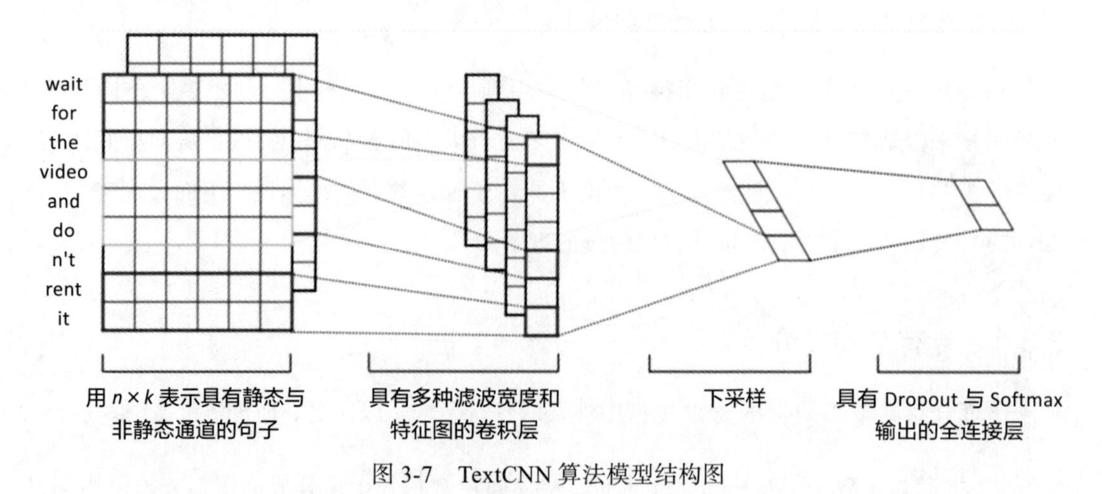

图3-7 TextCNN算法模型结构图

1. 输入层

如图 3-9 所示，输入层是句子中的词语对应的词向量依次（从上到下）排列的矩阵，假设句子有 n 个词，向量的维数为 k，句子结构就是 $n \times k$ 二维矩阵表示方式。这个矩阵的类型可以是静态的，也可以是动态的。静态是指词向量是固定不变的，而动态是指在模型训练过程中，词向量是可优化的参数。通常把反向误差传播导致词向量中的值发生变化的过程称为微调（Fine Tune）。

2. 卷积层

输入层通过卷积操作得到若干个特征图（Feature Map），卷积过程就是两个矩阵的相乘结果，卷积窗口的大小为 $h \times k$，其中 h 表示纵向词语的个数，而 k 表示词向量的维数。通过这样一个大型的卷积窗口，将得到若干个列数为 1 的特征图。

3. 池化层

池化层主要使用一种下采样方法（MaxPooling Over Time），如从卷积后得到的特征图中提取出最大值，最大值通常代表最重要的信号，将弱信息抛弃掉。可以看出，这种池化方法（也称最大池化方法）可以解决可变长度的句子输入问题，使得最终池化层的输出为各个特征图的最大值集合，即一个一维的向量。其实也可以采用提取平均值的方法，即平均池化方法，但一般采用最大池化方法。

4. 全连接层 +Softmax 层

池化层后面接一个全连接层和 Softmax 层做分类任务，同时为了防止过拟合，一般会添加 L2 和 Dropout 正则化方法，最后整体使用梯度法进行参数更新，完成算法模型的优化。

TextCNN 算法模型最大的问题是全局的最大池化操作丢失了结构信息，因此很难发现文本中的转折关系等复杂模式，只能学习到关键词是否在文本中出现以及相似度大小，出现的次数和顺序则很难学习到。针对这个问题，可以尝试针对每个卷积核保留前 k 个最大值进行效果验证，效果通常会有所提升。

3.3.3 参数调优经验总结

通过大量的实践和应用，这里总结出 TextCNN 算法模型参数调优的几条经验，列举如下。

1）由于模型训练过程中的随机性因素，如随机初始化的权重参数、随机梯度下降优化算法等，造成模型在数据集上的结果有一定的浮动，如准确率能达到 1.5% 的浮动，而 AUC 则有 3.4% 的浮动。

2）不同的词向量获取方法会对实验结果产生不同的影响，如采用 Word2Vec 和 GloVe 方法的效果要比采用独热编码的效果好，具体采用哪种方法更多依赖于任务本身。

3）过滤器的大小对模型性能有较大的影响，其中可以使用线性搜索的方法找到最优的过滤器尺寸大小，通常大小范围在 1 ～ 10，对于过长的句子可以尝试使用更大尺寸的过滤器。

4）特征图数量对模型的效果也有一定的影响，但是需要兼顾模型的训练效率，一般其数量范围在 100 ～ 600，同时一般将 Dropout 概率取值范围控制在 0 ～ 0.5；如增加特征图的数量会使模型的性能有所下降时，可以考虑增大正则的力度，如调高 Dropout 的概率。

5）正则化的作用表现不是很明显。

6）为了确保模型的高性能并不是偶然的，反复的交叉验证是很必要的。

7）可以尽量多尝试激活函数，实验发现 ReLU 和 Tanh 两种激活函数的表现较佳。

8）当数据量较大时，可以直接随机初始化词嵌入，然后基于语料通过训练模型网络来对词嵌入进行更新和学习；当数据量较小时，可以利用外部语料来预训练（pre-train）词向量，然后输入到词嵌入层，用预训练的词向量矩阵初始化词嵌入。

9）静态方式：采用静态的词向量的，效果也很不错（设置 trainable=False）。

10）非静态方式：在训练过程中对词向量进行更新和微调可以加速收敛（设置 trainable=True）。

3.3.4 基于 Keras 工具实现 TextCNN 算法

将上面的 TextCNN 算法模型的原理理解清晰之后，要实现它就没有那么难了，基于 keras 工具实现 Text 算法的代码如下所示：

```
import logging
from keras import Input
from keras.layers import Conv1D, MaxPool1D, Dense, Flatten, concatenate, Embedding
from keras.models import Model
from keras.utils import plot_model

def textcnn(max_sequence_length, max_token_num, embedding_dim, output_dim,
   model_img_path=None, embedding_matrix=None):
    """
    TextCNN:
    1.embedding layers
    2.convolution layer
    3.max-pooling
    4.softmax layer.
    """
    x_input = Input(shape=(max_sequence_length,))
    logging.info("x_input.shape: %s" % str(x_input.shape))  # (?, 60)

    # 词嵌入过程
    if embedding_matrix is None:
        x_emb = Embedding(input_dim=max_token_num, output_dim=embedding_dim,
            input_length=max_sequence_length)(x_input)
    else:
        x_emb = Embedding(input_dim=max_token_num, output_dim=embedding_dim,
            input_length=max_sequence_length,
            weights=[embedding_matrix], trainable=True)(x_input)

    logging.info("x_emb.shape: %s" % str(x_emb.shape))  # (?, 60, 300)

    pool_output = []
    kernel_sizes = [2, 3, 4]
    for kernel_size in kernel_sizes:
        # 卷积过程
        c = Conv1D(filters=2, kernel_size=kernel_size, strides=1)(x_emb)
        # 池化过程
        p = MaxPool1D(pool_size=int(c.shape[1]))(c)
        pool_output.append(p)
        logging.info("kernel_size: %s \t c.shape: %s \t p.shape: %s" % (kernel_size,
            str(c.shape), str(p.shape)))

    pool_output = concatenate([p for p in pool_output])
    logging.info("pool_output.shape: %s" % str(pool_output.shape))  # (?, 1, 6)
    # 全连接过程
    x_flatten = Flatten()(pool_output)  # (?, 6)
```

```
    #Softmax过程
    y = Dense(output_dim, activation='softmax')(x_flatten)  # (?, 2)
    logging.info("y.shape: %s \n" % str(y.shape))

    model = Model([x_input], outputs=[y])
    if model_img_path:
        #模型可视化
        plot_model(model, to_file=model_img_path, show_shapes=True, show_
            layer_names=False)
    model.summary()
    return model
```

3.4 基于 TextRNN 算法的分类任务实现

TextRNN 算法是指利用循环神经网络（Recurrent Neural Network，RNN）解决文本分类问题，实际上常用的 RNN 结构包括 LSTM 或 GRU 等。想要更好地了解和使用 TextRNN 算法，需要提前了解 RNN 的 LSTM 以及其他变种。

3.4.1 LSTM 和 BiLSTM

LSTM（Long Short Term Memory，长短期记忆）是 RNN 的一种，非常适合时序数据的建模，如文本数据。BiLSTM（Bi-directional Long Short Term Memory，双向长短期记忆）是由前向 LSTM 与后向 LSTM 组合而成的。两者在自然语言处理任务中都常被用来建模上下文信息。

1. 使用 LSTM 与 BiLSTM 的原因

很多其他算法无法考虑到句子或词的先后顺序关系，只是简单地对所有词的表示进行相加求和或者取平均等，而词的顺序会对语义产生一定影响，如句子“我爱他”和“他爱我”的语义是完全不同的。使用 LSTM 进行训练，可以学到语义顺序的信息，从而更好地捕捉到较长距离的依赖关系。

仅仅使用 LSTM 对句子进行建模无法编码从后到前的信息，在进行更细粒度的分类时，对于强程度的褒义、弱程度的褒义、中性、弱程度的贬义、强程度的贬义五分类任务，需要注意情感词、程度词、否定词之间的交互。举一个例子，“这个餐厅脏得不行，没有隔壁好”，这里的“不行”是对“脏”的程度的一种修饰，通过 BiLSTM 可以更好地捕捉双向的语义依赖。

2. LSTM 模型

LSTM 模型是由 t 时刻的输入词 $\boldsymbol{x}_t$，细胞状态 $\boldsymbol{C}_t$，临时细胞状态 $\tilde{\boldsymbol{C}}_t$，隐藏层状态 $\boldsymbol{h}_t$，遗忘门 $\boldsymbol{f}_t$，记忆门 $\boldsymbol{i}_t$，输出门 $\boldsymbol{o}_t$ 组成。LSTM 的计算过程可以概括为：通过遗忘细胞状态中的信息、记忆新的信息，使得对后续时刻的计算有用的信息得以传递，丢弃无用的信息，每个时间步都会输出隐藏层状态 $\boldsymbol{h}_t$，其中遗忘、记忆与输出是由上个时刻的隐藏层状态 $\boldsymbol{h}_{t-1}$ 和当前输入词 $\boldsymbol{x}_t$ 计算出来的遗忘门 $\boldsymbol{f}_t$、记忆门 $\boldsymbol{i}_t$、输出门 $\boldsymbol{o}_t$ 来控制的。

总体框架如图 3-8 所示。

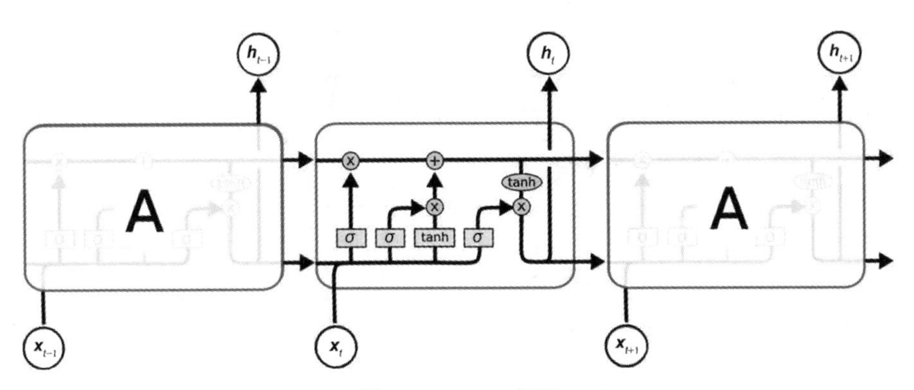

图 3-8　LSTM 框架

通过遗忘门选择要遗忘的信息，计算过程如图 3-9 所示。输入是前一时刻的隐藏层状态 h_{t-1} 和当前时刻的输入词 x_t。输出是遗忘门的值 $\boldsymbol{f}_t$。公式如下：

$$\boldsymbol{f}_t=\sigma(\boldsymbol{W}_f\cdot[\boldsymbol{h}_{t-1},\boldsymbol{x}_t]+\boldsymbol{b}_f)$$

通过记忆门选择要记忆的信息，计算过程如图 3-10 所示。输入是前一时刻的隐藏层状态 $\boldsymbol{h}_{t-1}$ 和当前时刻的输入词 $\boldsymbol{x}_t$。输出是记忆门的值 $\boldsymbol{i}_t$ 和临时细胞状态 $\tilde{\boldsymbol{C}}_t$。公式如下：

$$\boldsymbol{i}_t=\sigma(\boldsymbol{W}_i\cdot[\boldsymbol{h}_{t-1},\boldsymbol{x}_t]+\boldsymbol{b}_i)$$
$$\tilde{\boldsymbol{C}}_t=\tanh(\boldsymbol{W}_C\cdot[\boldsymbol{h}_{t-1},\boldsymbol{x}_t]+\boldsymbol{b}_C)$$

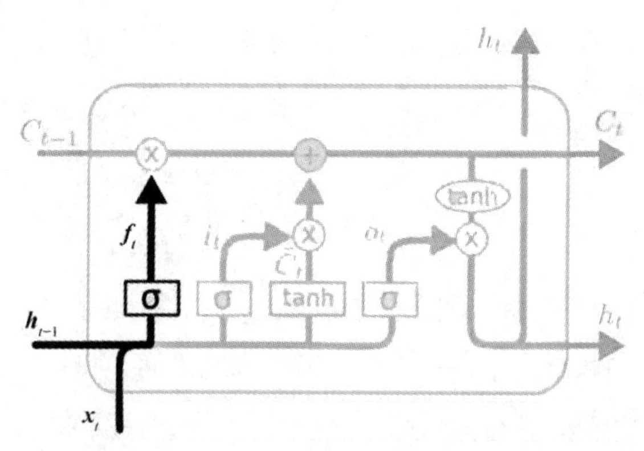

图 3-9　通过遗忘门选择要遗忘的信息

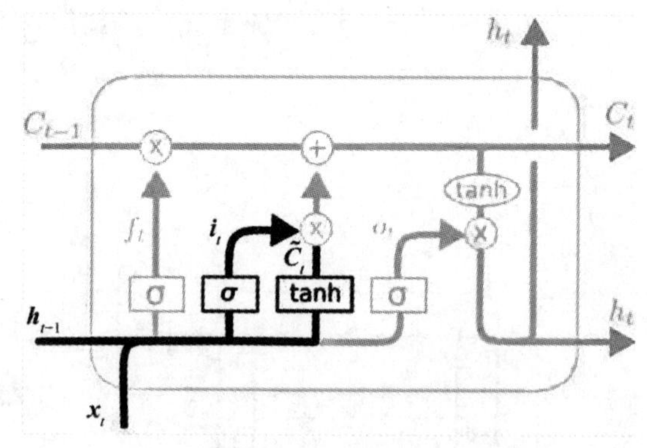

图 3-10　通过记忆门选择要记忆的信息

计算当前时刻的细胞状态，如图 3-11 所示。输入是记忆门的值 $\boldsymbol{i}_t$、遗忘门的值 $\boldsymbol{f}_t$、临时细胞状态 $\tilde{\boldsymbol{C}}_t$ 和前一时刻的细胞状态 $\boldsymbol{C}_{t-1}$。输出是当前时刻的细胞状态 $\boldsymbol{C}_t$。公式如下：

$$\boldsymbol{C}_t = \boldsymbol{f}_t \cdot \boldsymbol{C}_{t-1} + \boldsymbol{i}_t \cdot \tilde{\boldsymbol{C}}_t$$

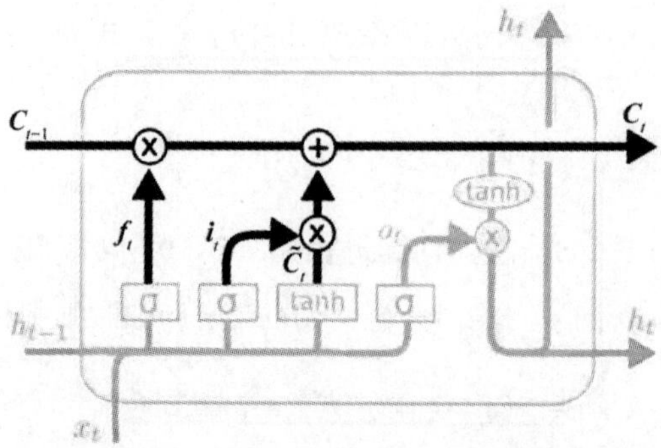

图 3-11　计算当前时刻的细胞状态

计算输出门和当前时刻的隐藏层状态，如图 3-12 所示。输入是前一时刻的隐藏层状态 $\boldsymbol{h}_{t-1}$、当前时刻的输入词 $\boldsymbol{x}_t$ 和当前时刻的细胞状态 $\boldsymbol{C}_t$。输出是输出门的值 $\boldsymbol{o}_t$，隐藏状态 $\boldsymbol{h}_t$。公式如下：

$$\boldsymbol{o}_t = \sigma(\boldsymbol{W}_o[\boldsymbol{h}_{t-1}, \boldsymbol{x}_t] + \boldsymbol{b}_o)$$
$$\boldsymbol{h}_t = \boldsymbol{o}_t \cdot \tanh(\boldsymbol{C}_t)$$

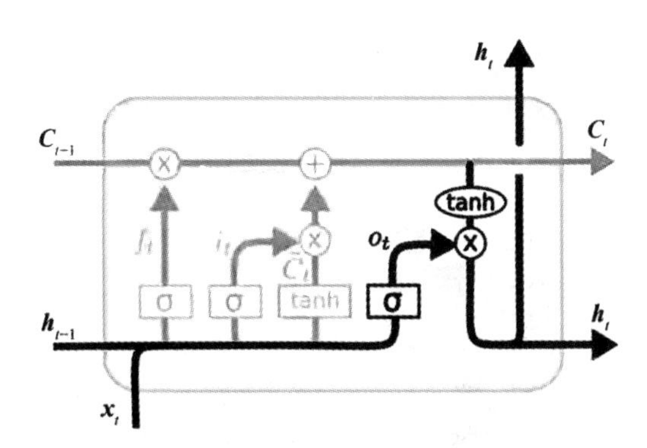

图 3-12　计算输出门和当前时刻的隐藏层状态

3. BiLSTM 模型

前文提到，前向的 LSTM 与后向的 LSTM 结合组成了 BiLSTM。比如，我们对“我爱中国”这句话进行编码，得到的 BiLSTM 模型如图 3-13 所示。

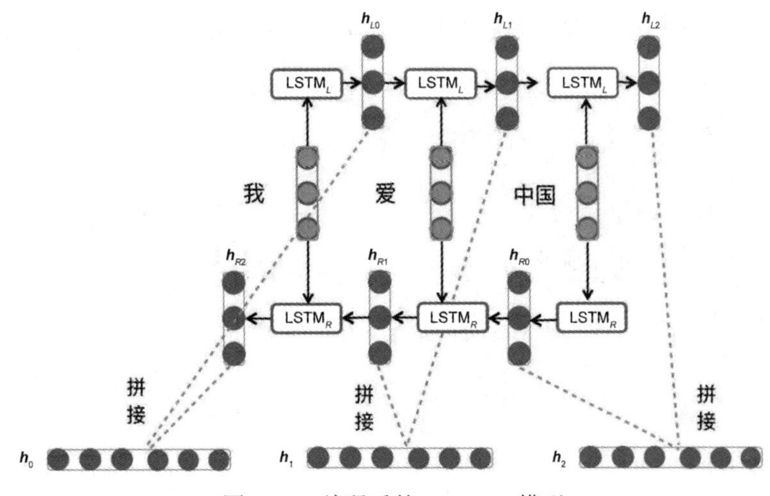

图 3-13　编码后的 BiLSTM 模型

前向 $LSTM_L$ 依次输入“我”“爱”“中国”，得到三个向量 $[\boldsymbol{h}_{L0}, \boldsymbol{h}_{L1}, \boldsymbol{h}_{L2}]$，后向 $LSTM_R$ 依次输入“中国”“爱”“我”，得到三个向量 $[\boldsymbol{h}_{R0}, \boldsymbol{h}_{R1}, \boldsymbol{h}_{R2}]$，将前向和后向的向量进行拼接得到 $\{[\boldsymbol{h}_{L0}, \boldsymbol{h}_{R2}],[\boldsymbol{h}_{L1}, \boldsymbol{h}_{R1}],[\boldsymbol{h}_{L2}, \boldsymbol{h}_{R0}]\}$，即 $[\boldsymbol{h}_0, \boldsymbol{h}_1, \boldsymbol{h}_2]$。

对于分类任务来说，我们采用的句子表示往往是 $[\boldsymbol{h}_{L_2}, \boldsymbol{h}_{R_2}]$。因为其包含了前向与后向的所有信息，拼接后的 BiLSTM 框架如图 3-14 所示。

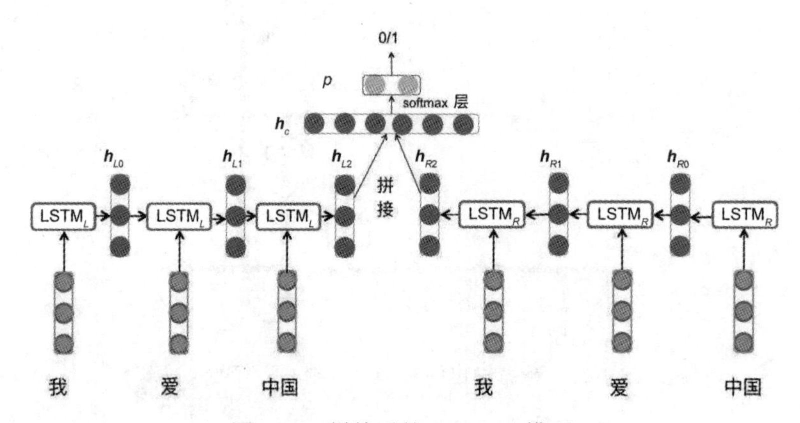

图 3-14　拼接后的 BiLSTM 模型

在实际场景中，可以结合具体需求选择 LSTM、BiLSTM 或二者的组合，其中 BiLSTM 编码之后的向量可以结合具体的需求场景做出变化，也可以先使用 BiLSTM 对句子编码之后再使用 LSTM 模型，这些都是可以相互组合的，只要清晰地了解算法的结构，就可以结合具体的使用场景进行尝试。其实在实际的业务场景中，不同的算法之间精度差别没那么大，主要还是对齐数据的标准，保证数据的标注质量，增加大量的数据进行训练，模型的效果自然会有所提升。

4. 构建 BiLSTM 模型

下面给出 BiLSTM 模型构建以及模型训练的实现代码，帮助大家了解搭建 BiLSTM 模型并快速落地。使用 PyTorch 搭建 BiLSTM 的样例代码如下。

1）模型构建的代码如下：

```
#!/usr/bin/env python
# coding:utf8
```

```
import torch
import torch.nn as nn
import torch.nn.functional as F
from torch.autograd import Variable
torch.manual_seed(123456)


class BLSTM(nn.Module):
    """
    B:LSTM 分类任务
    """

    def __init__(self, embeddings, input_dim, hidden_dim, num_layers, output_
       dim, max_len=40, dropout=0.5):
        """
        函数中对网络进行初始化，设定词向量维度，前向 / 后向 LSTM 中隐藏层向量的维度以及分类数
        """
        super(BLSTM, self).__init__()

        self.emb = nn.Embedding(num_embeddings=embeddings.size(0),
                                embedding_dim=embeddings.size(1),
                                padding_idx=0)
        self.emb.weight = nn.Parameter(embeddings)

        self.input_dim = input_dim
        self.hidden_dim = hidden_dim
        self.output_dim = output_dim

        self.sen_len = max_len
        self.sen_rnn = nn.LSTM(input_size=input_dim,
                                hidden_size=hidden_dim,
                                num_layers=num_layers,
                                dropout=dropout,
                                batch_first=True,
                                bidirectional=True)

        self.output = nn.Linear(2 * self.hidden_dim, output_dim)

    def bi_fetch(self, rnn_outs, seq_lengths, batch_size, max_len):
        """
        函数的作用是将两个输出向量拼接起来并返回拼接后的向量
        """

        rnn_outs = rnn_outs.view(batch_size, max_len, 2, -1)
```

```
        # (batch_size, max_len, 1, -1)
        fw_out = torch.index_select(rnn_outs, 2, Variable(torch.LongTensor
            ([0])).cuda())
        fw_out = fw_out.view(batch_size * max_len, -1)
        bw_out = torch.index_select(rnn_outs, 2, Variable(torch.LongTensor
            ([1])).cuda())
        bw_out = bw_out.view(batch_size * max_len, -1)

        batch_range = Variable(torch.LongTensor(range(batch_size))).cuda() *
            max_len
        batch_zeros = Variable(torch.zeros(batch_size).long()).cuda()

        fw_index = batch_range + seq_lengths.view(batch_size) - 1
        fw_out = torch.index_select(fw_out, 0, fw_index)  # (batch_size, hid)

        bw_index = batch_range + batch_zeros
        bw_out = torch.index_select(bw_out, 0, bw_index)

        outs = torch.cat([fw_out, bw_out], dim=1)
        return outs

    def forward(self, sen_batch, sen_lengths, sen_mask_matrix):

        # Embedding Layer | Padding | Sequence_length 40
        sen_batch = self.emb(sen_batch)

        batch_size = len(sen_batch)

        # BiLSTM 计算
        sen_outs, _ = self.sen_rnn(sen_batch.view(batch_size, -1, self.input_
            dim))
        sen_rnn = sen_outs.contiguous().view(batch_size, -1, 2 * self.hidden_
            dim)  # (batch, sen_len, 2*hid)

        # 获取最后的隐藏层
        sentence_batch = self.bi_fetch(sen_rnn, sen_lengths, batch_size, self.
            sen_len)  # (batch_size, 2*hid)

        representation = sentence_batch
        out = self.output(representation)
        out_prob = F.softmax(out.view(batch_size, -1))

        return out_prob
```

2）模型训练的代码如下：

```
def train(model, training_data, args, optimizer, criterion):
    model.train()
    batch_size = args.batch_size

    sentences, sentences_seqlen, sentences_mask, labels = training_data

    # print batch_size, len(sentences), len(labels)

    assert batch_size == len(sentences) == len(labels)

    # 数据准备及预测
    sentences_, sentences_seqlen_, sentences_mask_ = var_batch(args, batch_size,
        sentences, sentences_seqlen, sentences_mask)
    labels_ = Variable(torch.LongTensor(labels))
    if args.cuda:
        labels_ = labels_.cuda()

    assert len(sentences) == len(labels)

    model.zero_grad()
    probs = model(sentences_, sentences_seqlen_, sentences_mask_)
    loss = criterion(probs.view(len(labels_), -1), labels_)

    loss.backward()
optimizer.step()
```

代码中 training_data 是一个 batch 数据，包括输入的句子 sentences（句子中每个词使用词的下标表示），输入的句子的长度 sentences_seqlen，输入的句子对应的情感类别 labels。训练模型前，先清空遗留的梯度值，再根据该 batch 数据计算出来的梯度更新模型。

经过模型构建、模型训练以及模型测试之后，就是完成了一个完整的模型使用流程，适当调整参数就可以产生不错的业务效果。下面介绍一下 TextCNN 和 TextRNN 模型在句子不通顺的场景中的识别效果对比。

3.4.2 TextCNN 和 TextRNN 识别效果对比

对数据增强构建的句子不通顺的数据分别使用 TextCNN 和 TextRNN 算法进行训练，

二者在测试集上的识别结果对比如表3-7所示。

表3-7　模型识别结果对比

算法	操作	准确率	召回率
TextCNN	未经数据增强	0.88094	0.845
TextCNN	数据增强	0.92357	0.884
TextRNN	未经数据增强	0.84574	0.835
TextRNN	数据增强	0.89583	0.867
规则识别	未经数据增强	0.89	0.856

经过上面的实验结果可以看出，经过数据增强的TextCNN算法的各项指标是好于TextRNN算法的，可见其学习能力很强，上线之后不断地迭代下去效果会逐渐提升。一般在实际业务场景中TextCNN和FastText都是我们优先使用的算法，它们的运行速度快，部署方便，模型效果很不错。

在句子不通顺的场景中需要注意以下几方面内容。

1）句子结尾标志问题，如带有“呢”“吗”这种语气助词以及问号，这样的标志更容易误判是通顺的。

2）阈值的划分对结果的影响很大，所以需要选择合理的阈值。

3）模型泛化能力差，模型在当下数据集可能表现很好，但在新的业务数据上出现新的“坏”数据的时候可能识别不出来，所以需要数据量足够大。

3.5　基于Seq2Seq模型的纠正策略

上面讲述了三种识别句子不通顺的算法，下面会重点讲解如何处理识别出的不通顺的内容，是直接丢弃吗？当然不是，我们需要进行内容的纠正，保证内容可用而不被浪费，因为生产内容也是需要花费大量的金钱的，如果能通过策略将不可用的内容变得可用是非常有价值的。下面重点讲解如何通过Seq2Seq模型进行不通顺的内容补全。

3.5.1　Seq2Seq模型原理

Seq2Seq全称为Sequence to Sequence，是一种能够根据给定的序列，通过特定的方法生成另一个序列的方法。

1. Seq2Seq 模型结构

Seq2Seq 是一种重要的 RNN 模型，也称为 Encoder-Decoder（编码–解码）模型，可以理解为一种 $N \times M$ 的模型。模型包含两个部分：Encoder 用于编码序列的信息，将任意长度的序列信息编码到一个向量 $\boldsymbol{c}$ 里；而 Decoder 是解码器，解码器得到上下文信息向量 $\boldsymbol{c}$ 之后可以将信息解码，并输出为序列。

2. Encoder

Encoder 中的 RNN 接收输入 $\boldsymbol{x}$，最终输出一个编码所有信息的上下文向量 $\boldsymbol{c}$，中间的神经元没有输出。Decoder 主要传入的是上下文向量 $\boldsymbol{c}$，然后解码出需要的信息。其中上下文向量 $\boldsymbol{c}$ 可以采用多种方式进行计算。Encoder 结构如图 3-15 所示。

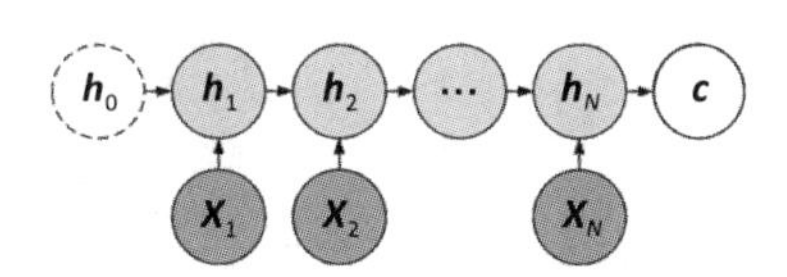

图 3-15　Encoder 结构

3. Decoder

Decoder 有多种不同的结构，这里主要介绍三种。第一种结构比较简单，将上下文向量 $\boldsymbol{c}$ 当作 RNN 的初始隐藏状态，输入 RNN 中，后续只接收上一个神经元的隐藏层状态 $\boldsymbol{h}'$ 而不接收其他的输入词 $\boldsymbol{x}$，如图 3-16 所示。

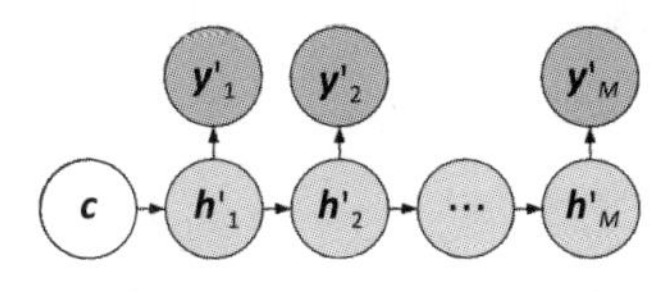

图 3-16　第一种 Decoder 结构

第二种结构有了自己的初始隐藏层状态 $\boldsymbol{h}'_0$，不再把上下文向量 $\boldsymbol{c}$ 当作 RNN 的初始隐藏状态，而是把它当作 RNN 的每一个神经元的输入。可以看到，Decoder 的每一个神经元都拥有相同的输入 $\boldsymbol{c}$，如图 3-17 所示。

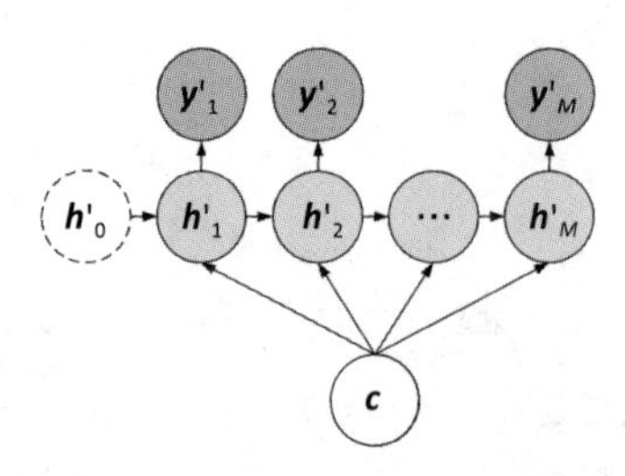

图 3-17　第二种 Decoder 结构

第三种结构和第二种类似，但是在输入的部分多了上一个神经元的输出 $\boldsymbol{y}'$。即每一个神经元的输入包括上一个神经元的隐藏层向量 $\boldsymbol{h}'$，上一个神经元的输出 $\boldsymbol{y}'$ 以及当前的输入向量 $\boldsymbol{c}$（Encoder 的上下文向量）。对于第一个神经元的输入 $\boldsymbol{y}'_0$，通常是句子起始标志位的 Embedding 向量。如图 3-18 所示。

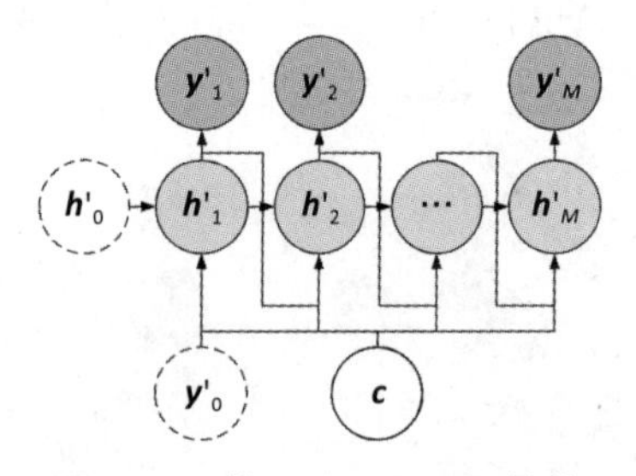

图 3-18　第三种 Decoder 结构

对于上面三种结构，在实际的业务场景中可以根据需求自行选择，其中第三种需要用到上一层的输入，如果上一层输入有错误，将会对下面的内容有所影响。

Seq2Seq 模型允许我们使用长度不同的输入和输出序列，适用范围相当广，可用于机器翻译、对话系统、阅读理解等场景。下面讲解如何通过该方法将不通顺的句子补全。

3.5.2　纠正不通顺句子的方法

通过通顺度模型可以将不通顺的标题句子识别出来，为了提升内容的利用率，避免内容损失，需要对不通顺的标题进行纠正或者生成通顺的句子，进而提升内容的利用率。下面介绍三种可以提升不通顺内容的利用率的方法。

1. 标题生成算法

标题生成算法生成的标题比较符合内容本身又比较通顺，但必须将文本内容描述以及截断标题等作为向量一起训练、预测，才能得到不错的效果。标题生成算法完全可以使用 Seq2Seq 模型进行实现。

2. 建立规则

建立规则的方法是指通过观察句子段落，通过一些阶段等操作让内容完整，但是语义可能没那么完整。可以参考以下三点规则：

1）标题中是否存在问号或者句号等结尾性标点符号，如果存在，直接取符号前面的内容；

2）描述中以结尾性标点符号拆分，取第一句话；

3）上述两种均不满足，直接替换描述。

这种方法的缺点是补全和截取的内容存在大量内容不适合作为文本的标题，因为只是随机抽取了一句通顺的句子，无法代表内容本身的含义。

3. 基于 Seq2Seq 模型的长句预测

Seq2Seq 模型不仅可以实现标题生成，还可以实现长句预测。其中对于内容截断产生的不通顺，使用长句预测效果好一些，对于内容中间部分产生的标题不通顺，通过标题生成的方式进行补全的效果更好一些。下面介绍长句预测的实现过程，主要包括语料预处理、模型搭建、模型训练以及测试等步骤。

1）语料预处理。由于使用的语料为中文语料，自然需要对其进行分词，并构建词典。首先，收集所用的句子，利用 Jieba，对每个句子进行分词，并将所得结果加入集合中。接着，对集合中的所有字词构建统计词典。代码如下：

```
import os
import json
import jieba
import numpy as np
import pandas as pd
```

```
import matplotlib.pyplot as plt
import torch
import torch.nn as nn
import torch.nn.functional as F
import torch.optim as optim
from torch.autograd import Variable
import torchvision
import torchvision.datasets as datasets
import torchvision.transforms as transforms
from torch.utils.data import DataLoader, Dataset
# 设置参数信息
LR = 0.005
EPOCH = 100
BATCH_SIZE = 1
Sentence_Num = 100
Embedding_Dim = None
# 构建词表
sentence_set = []  # 收集所用到的文本句子
for index in range(Sentence_Num):
    with open('../../Corpus/CAIL2018/' + str(index) + '.txt', 'r', encoding=
        'UTF-8') as f:
        sentence_set.append(
            f.read().replace('\n', '').replace('\r', '').replace('，', ' ').
            replace('。', ' ').replace('：', ' ').replace(' ','').lower())
word_set = set()  # 利用 Jieba 库进行中文分词
for sentence in sentence_set:
    words = jieba.lcut(sentence)
    word_set.update(words)
word_to_ix = {'SOS': 0, 'EOS': 1, 'UNK': 2}  # 'SOS': start of sentencex
ix_to_word = {0: 'SOS', 1: 'EOS', 2: 'UNK'}  # 'EOS': end of sentence
# 'UNK': unknown token
for word in word_set:
    # 注意：word_to_ix 用于对字词进行编号，ix_to_word 用于将模型的输出转化为字词
    if word not in word_to_ix:
        word_to_ix[word] = len(word_to_ix)
        ix_to_word[len(ix_to_word)] = word
Embedding_Dim = len(word_to_ix)
with open('./Vocab.txt', 'w', encoding='UTF-8') as f:  # 保存词典
    for vocab in word_to_ix.items():
        f.write(vocab[0] + '    ' + str(vocab[1]) + '\n')
```

2）模型构建。采用 LSTM 结构构建 Seq2Seq 模型，其中，损失函数为 nn.CrossEntropy-Loss()，优化器为 optim.SGD()。代码如下：

```
class Encoder(nn.Module):
    """
    构建 Seq2Seq 模型
    """
    def __init__(self, input_size, hidden_size):
        super(Encoder, self).__init__()
        self.hidden_size = hidden_size
        self.embedding = nn.Embedding(input_size, hidden_size)  # 将独热向量转换
            为词向量
        self.lstm = nn.LSTM(hidden_size, hidden_size)  # LSTM 的隐藏层的大小与词向
            量的大小一样，并非必须

    def forward(self, input, hidden):
        embedded = self.embedding(input).view(1, 1, -1)  # RNN 的输入格式为 (seq_
            len, batch, input_size)
        output = embedded
        output, hidden = self.lstm(output, hidden)
        return output, hidden

    def initHidden(self):
        return torch.zeros(1, 1, self.hidden_size)  # 初始化 Encoder 的隐状态

class Decoder(nn.Module):
    """
    解码层
    """
    def __init__(self, input_size, hidden_size, output_size):
        super(Decoder, self).__init__()
        self.hidden_size = hidden_size
        self.embedding = nn.Embedding(input_size, hidden_size)
        self.gru = nn.GRU(hidden_size, hidden_size)
        self.out = nn.Linear(hidden_size, output_size)

    def forward(self, input, hidden):
        output = self.embedding(input).view(1, 1, -1)
        output = F.relu(output)
        output, hidden = self.gru(output, hidden)
        output = self.out(output[0])
        return output, hidden

    def initHidden(self):
        return torch.zeros(1, 1, self.hidden_size)
```

```
class Seq2Seq(nn.Module):
    """
    Seq2Seq 模型
    """
    def __init__(self, encoder, decoder):
        super(Seq2Seq, self).__init__()
        self.encoder = encoder
        self.decoder = decoder

    def forward(self, inputs):
        encoder_hidden = self.encoder.initHidden()
        if torch.cuda.is_available():
            encoder_hidden = encoder_hidden.cuda()

        # 编码
        for word in inputs:
            encoder_out, encoder_hidden = self.encoder(word, encoder_hidden)

        # 解码
        decoder_hidden = encoder_hidden
        pred, decoder_hidden = self.decoder(inputs[-1], decoder_hidden)

        return pred


encoder = Encoder(Embedding_Dim, 1000)
decoder = Decoder(Embedding_Dim, 1000, Embedding_Dim)

if torch.cuda.is_available():
    encoder = encoder.cuda()
    decoder = decoder.cuda()

seq2seq = Seq2Seq(encoder, decoder)

if torch.cuda.is_available():
    seq2seq = seq2seq.cuda()

# 构建损失函数以及优化器

loss_func = nn.CrossEntropyLoss()
# encoder_optimizer = optim.SGD(encoder.parameters(), lr=LR, momentum=0.9)
# decoder_optimizer = optim.SGD(decoder.parameters(), lr=LR, momentum=0.9)
seq2seq_optimizer = optim.SGD(seq2seq.parameters(), lr=LR, momentum=0.9)
```

3）模型训练及测试。经过预处理、模型搭建阶段，之后就是模型训练和测试阶段。代码如下：

```
for epoch in range(EPOCH):
    """
    训练 Seq2Seq 模型
    """
    loss_sum = 0
    for step, (inputs, labels) in enumerate(train_loader):
        # encoder_hidden = encoder.initHidden()
        label = torch.LongTensor((1,))
        label[0] = int(labels.data.numpy()[0])

        if torch.cuda.is_available():
            inputs = [word.cuda() for word in inputs]
            label = label.cuda()
            # encoder_hidden = encoder_hidden.cuda()

        # 前向操作
        pred = seq2seq(inputs)
        loss = loss_func(pred,label)

        # 后向操作
        seq2seq_optimizer.zero_grad()
        loss.backward()
        seq2seq_optimizer.step()

        loss_sum+= loss.data[0]
    print('Epoch: %2d train loss: %.4f' % (epoch, loss_sum))


for step, (inputs, labels) in enumerate(test_loader):
    """
    测试 Seq2Seq 模型
    """
    label = torch.LongTensor((1,))
    label[0] = int(labels.data.numpy()[0])

    if torch.cuda.is_available():
        inputs = [word.cuda() for word in inputs]
        label = label.cuda()
    decoder_output = seq2seq(inputs)
```

```
# 输出
ans = ''
pred = ''

for word in inputs:
    ix = word.cpu().data.numpy()[0][0]
    ans+=ix_to_word[ix]
    pred+=ix_to_word[ix]

ans+=ix_to_word[int(labels.data.numpy()[0])]
pred+=ix_to_word[np.argmax(decoder_output.cpu().data.numpy())]

print('Answer: %s' % ans)
print('Prediction: %s' % pred)
```

至此，我们就快速地完成了一个项目。分别对经过上述流程实现的 Seq2Seq 模型进行标题生成以及长句预测对比，结果如表 3-8 所示。

表 3-8　标题生成以及长句预测对比

类型	标题	预测
标题生成	激光眼睛多少岁可以	多少岁可以进行激光眼睛手术
标题生成	口臭整天都是这样	口臭是如何引起的？
标题生成	皮肤黏膜出现淤斑的原因是	皮肤黏膜出现淤斑是什么原因？
标题生成	我脸上起红痘痘是什么原因有时候还	我脸上长痘痘而且发痒是什么原因？
长句预测	激光眼睛多少岁可以	激光眼睛多少岁可以做
长句预测	口臭整天都是这样	口臭整天都是这样的
长句预测	皮肤黏膜出现淤斑的原因是	皮肤黏膜出现淤斑的原因是什么
长句预测	我脸上起红痘痘是什么原因有时候还	我脸上起红痘痘是什么原因有时候还痒

由表 3-8 可知，通过标题生成和长句预测两种方式产生的标题预测结果的通顺度得到了很大的提升。

3.6　本章小结

本章主要讲述了在业务场景中经常遇到标题或句子不通顺的情形中，如何使用算法相关策略更好地解决业务问题。3.1 节主要讲述了数据增强的过程，帮助实际业务场景中扩增数据量，提升模型泛化能力。3.2 节主要讲解 FastText 算法原理，以及基于 FastText 识别不通顺句子的过程，还有特定业务背景下的具体应用。3.3 节主要讲解了 TextCNN 算法原理、参数调优方法以及算法使用案例。3.4 节主要讲解了 LSTM 与 BiLSTM 模型的原理以及实现。3.5 节主要讲述了基于 Seq2Seq 模型纠正不通顺句子的方法以及实现。

CHAPTER 4

第4章

内容质量

由于自媒体平台的开放性，每个用户都可以成为内容的生产者，导致网络文章的质量参差不齐。评估自媒体网络文章的质量是推荐系统及在线搜索等许多应用的关键难题。为了寻找优质文章、过滤低质文章，提高用户黏性，提出一种高效的自媒体网络文章质量自动评估解决方案非常必要。考虑到自媒体平台的性质，为了吸引用户，判断自媒体网络文章的质量标准被合理定义为文章带给用户的阅读体验水平。这可以体现在文章的内容、写作规范、用户感知等方面，而且每一个因素也都包含着复杂的元素，使得自媒体在线文章质量评估变得更加复杂和具有挑战性。

内容质量在业务发展的整个环节中，处于非常重要的位置，不仅在推荐和搜索场景中作用极大，在问答系统以及内容分发等多个方面也起到至关重要的作用。内容质量的衡量标准以及策略系统也是完全不一样的，一个完善的内容质量体系，可以指导运营生产优质内容，进行低质内容打压，在搜索推荐场景中保证优质内容优先分发和推荐，提升用户的体验。下文会介绍一些内容质量系统中常用的算法以及内容质量系统搭建的全流程。

4.1 GBDT算法

内容质量系统中经常会使用XGBoost算法进行内容质量的预估，因此，了解该算法的原理是非常重要的。XGBoost算法是从GBDT（Gradient Boosting Decision Tree，梯度提升树）模型演化出来的，所以为了更好地了解 XGBoost 算法，我们需要从 GBDT 算法着手。

4.1.1 GBDT 算法概述

GBDT 是集成学习 Boosting 家族的成员，使用了前向分布算法，但是弱学习器限定了只能使用 CART 回归树模型。在 GBDT 的迭代中，假设前一轮迭代得到的强学习器是 $f_{t-1}(x)$，损失函数是 $L(y,f_{t-1}(x))$，则本轮迭代的目标是找到一个 CART 回归树模型的弱学习器 $h_t(x)$，让本轮的损失函数 $L(y,f_t(x))=L(y,f_{t-1}(x)+h_t(x))$ 最小。也就是说，本轮迭代找到的决策树要让样本的损失尽量变得更小。

例如：假如有一个人是 30 岁，我们首先用 20 岁去拟合，发现损失有 10 岁，这时我们用 6 岁去拟合剩下的损失，发现差距还有 4 岁，第三轮我们用 3 岁去拟合剩下的差距，差距就只有 1 岁了。如果我们的迭代轮数还没有完，可以继续迭代下去，每一轮迭代，拟合的岁数误差都会逐渐减小。

4.1.2 负梯度拟合

针对损失函数拟合这个问题，Freidman 提出使用损失函数的负梯度来拟合本轮损失的近似值，进而拟合一棵 CART 回归树。第 t 轮的第 i 个样本的损失函数的负梯度表示为：

$$r_{ti}=-\left[\frac{\partial L(y_i,f(x_i))}{\partial f(x_i)}\right]_{f(x)=f_{t-1}(x)}$$

利用 $(x_i,r_{ti})(i=1,2,3,\cdots,m)$ 可以拟合一棵 CART 回归树，得到了第 t 棵回归树，其对应的叶子节点区域是 $R_{tj}(j=1,2,\cdots,J)$。其中 J 为叶子节点的个数。

针对每一个叶子节点里的样本，求出使损失函数最小，也就是拟合叶子节点最好的输出值 c_{tj} 如下：

$$c_{tj}=\underbrace{\text{argmin}}_{c}\sum_{x_i\in R_{tj}}L(y_i,f_{t-1}(x_i)+c)$$

这样我们就得到了本轮的决策树拟合函数：

$$h_t(x)=\sum_{j=1}^{J}c_{tj}I\ (x\in R_{tj})$$

从而得到本轮最终的强学习器的表达式如下：

$$f_t(x)=f_{t-1}(x)+\sum_{j=1}^{J}c_{tj}I\ (x\in R_{tj})$$

通过损失函数的负梯度来拟合，可以找到一种通用的拟合损失误差的办法，使得我们在解决分类问题或者回归问题时，都可以通过其损失函数的负梯度的拟合，用 GBDT 来解决。区别仅仅在于损失函数不同导致的负梯度不同而已。

4.1.3　GBDT 回归算法

GBDT 算法在回归问题和分类问题上的使用是有差别的，下面介绍一下 GBDT 回归算法的流程。首先，输入是训练集样本 $T=\{(x_1,y_1),(x_2,y_2),\cdots,(x_m,y_m)\}$，最大迭代次数为 T，损失函数为 L，输出是强学习器 $f(x)$。下面是回归算法的计算流程。

1）初始化弱学习器的公式为：

$$f_0(x)=\underbrace{\text{argmin}}_{c}\sum_{i=1}^{m}L(y_i,c)$$

2）对迭代轮数 $t=1,2,3,\cdots,T$，有如下内容：

a）对样本 $i=1,2,3,\cdots,m$，计算负梯度，公式如下：

$$r_{ti}=-\left[\frac{\partial L(y_i,f(x_i))}{\partial f(x_i)}\right]_{f(x)=f_{t-1}(x)}$$

b）利用 $(x_i,r_{ti})(i=1,2,3,\cdots,m)$ 拟合一棵 CART 回归树得到第 t 棵回归树，其对应的叶子节点区域为 $R_{tj}(j=1,2,\cdots,J)$。其中 J 为回归树 t 的叶子节点的个数。

c）对叶子区域 $j=1,2,3,\cdots,J$，计算最佳拟合值：

$$c_{tj}=\underbrace{\operatorname{argmin}}_{c}\sum_{x_i\in R_{tj}}L(y_i,f_{t-1}(x_i)+c)$$

d）更新强学习器：

$$f_t(x)=f_{t-1}(x)+\sum_{j=1}^{J}c_{tj}I\ (x\in R_{tj})$$

3）得到强学习器 $f(x)$ 的表达式：

$$f(x)=f_T(x)=f_0(x)+\sum_{t=1}^{T}\sum_{j=1}^{J}c_{tj}I\ (x\in R_{tj})$$

以上就是 GBDT 回归算法的具体工作原理，为后续理解 XGBoost 模型原理提供了很大的帮助。

4.1.4 GBDT 分类算法

GBDT 分类算法从思想上和 GBDT 回归算法没有区别，但是由于样本输出不是连续的值，而是离散的类别，导致我们无法直接从输出类别去拟合类别输出的误差。为了解决这个问题，主要有两种方法，一种是用指数损失函数，另一种方法是用类似于逻辑回归的对数似然损失函数。也就是说，我们用类别的预测概率值和真实概率值的差来拟合损失。对于对数似然损失函数，有二元分类和多元分类的区别。

1. 二元 GBDT 分类算法

对于二元 GBDT 分类算法，如果用类似于逻辑回归的对数似然损失函数，则损失函数为：

$$L(y,f(x))=\log(1+\mathrm{e}^{-yf(x)})$$

其中 $y\in\{-1,+1\}$ 。则此时的负梯度误差为：

$$r_{ti}=-\left[\frac{\partial L(y_i,f(x_i))}{\partial f(x_i)}\right]_{f(x)=f_{t-1}(x)}=y_i/(1+\mathrm{e}^{(y_i f(x_i))})$$

对于生成的决策树，各个叶子节点的最佳负梯度拟合值为：

$$c_{tj} = \underbrace{\text{argmin}}_{c} \sum_{x_i \in R_{tj}} \log(1 + \mathrm{e}^{-y_i(f_{t-1}(x_i)+c)})$$

由于上式比较难优化，我们一般使用近似值代替：

$$c_{tj} = \frac{\sum_{x_i \in R_{tj}} r_{ti}}{\sum_{x_i \in R_{tj}} |r_{ti}|(1-|r_{ti}|)}$$

以上是二元 GBDT 分类算法的具体计算流程，了解计算流程可以更好地理解 GBDT 在二分类中的具体运作流程，更透彻地理解该算法。

2. 多元 GBDT 分类算法

多元 GBDT 分类算法要比二元 GBDT 分类算法复杂一些，主要原因是多元逻辑回归和二元逻辑回归的复杂度不同。假设类别数为 K，则此时我们的对数似然损失函数为：

$$L(y, f(x)) = -\sum_{k=1}^{K} y_k \log p_k(x)$$

其中如果样本输出类别为 k，则 $y_k = 1$。第 k 类的概率 $p_k(x)$ 的表达式为：

$$p_k(x) = \mathrm{e}^{f_k(x)} / \sum_{l=1}^{K} \mathrm{e}^{f_l(x)}$$

结合上述两个公式，我们可以计算出第 t 轮的第 i 个样本对应类别 l 的负梯度误差为：

$$r_{til} = -\left[\frac{\partial L(y_i, f(x_i))}{\partial f(x_i)}\right]_{f_k(x)=f_{l,t-1}} = y_{il} - p_{l,t-1}(x_i)$$

观察上式可以看出，其实这里的误差就是样本 i 对应类别 l 的真实概率和 $t-1$ 轮预测概率的差值。

对于生成的决策树，各个叶子节点的最佳负梯度拟合值为：

$$c_{tjl} = \underbrace{\operatorname{argmin}}_{c_{jl}} \sum_{i=0}^{m} \sum_{k=1}^{K} L\left(y_k, f_{t-1,l}(x) + \sum_{j=0}^{J} c_{ji} I \ (x_i \in R_{tjl}) \right)$$

由于上式比较难优化，我们一般使用近似值代替：

$$c_{tjl} = \frac{K-1}{K} \frac{\sum_{x_i \in R_{tjl}} r_{til}}{\sum_{x_i \in R_{til}} |r_{til}|(1-|r_{til}|)}$$

除了负梯度计算和叶子节点的最佳负梯度拟合的线性搜索，多元 GBDT 分类算法和二元 GBDT 分类算法以及 GBDT 回归算法的过程都是相同的。GDBT 本身并不复杂，但想透彻地了解它则需要对集成学习的原理、决策树原理和各种损失函数有一定的了解。GBDT 的主要优点是，可以灵活处理各种类型的数据，包括连续值和离散值；在相对少的调参时间情况下，预测的准确率比较高；使用一些健壮的损失函数，对异常值的鲁棒性非常强，比如 Huber 损失函数。GBDT 的主要缺点是，由于弱学习器之间存在依赖关系，难以并行训练数据，导致时间较长。

4.2 XGBoost 算法

XGBoost 是一个优化的分布式梯度增强库，可以快速、准确地解决许多数据科学问题，在系统优化和机器学习原理方面都得到了深入的考虑。该库的目标是推动机器计算限制的极端，提供可扩展、可移植和高准确的库。

XGBoost 是 GBDT 的一种高效实现，也加入了很多独有的思路和方法。因此后续讲解的时候，重点分析和 GBDT 不同的地方。

4.2.1 从 GBDT 到 XGBoost

作为 GBDT 的高效实现，XGBoost 是一个上限特别高的算法，它主要从下面 3 个方面做了优化。

一是算法本身的优化：在算法的弱学习器模型选择上，支持很多其他弱学习器；在算法的损失函数上，除了本身的损失之外，还加上了正则化部分；在算法的优化方式上，GBDT 的损失函数只对误差部分做负梯度（一阶泰勒）展开，而 XGBoost 的损失函数对误差部分做二阶泰勒展开，更加准确。算法本身的优化是我们后面讨论的重点。

二是算法运行效率的优化：对于每个弱学习器，比如对决策树建立的过程做并行选择，找到合适的子树分裂特征和特征值；在并行选择之前，先对所有的特征值进行排序分组，为并行选择奠定基础；针对分组的特征，选择合适的分组大小，使用 CPU 缓存进行读取加速；将各个分组保存到多个硬盘以提高 I/O 速度。

三是算法健壮性的优化：对于缺失值的特征，通过枚举所有缺失值在当前节点是进入左子树还是右子树来决定缺失值的处理方式；算法本身加入了 L1 和 L2 正则化项，可以防止过拟合，增强泛化能力。

在上面的优化中，算法本身的优化是重点也是难点。现在我们就来看看具体的优化内容。

4.2.2　XGBoost 损失函数

XGBoost 的损失函数在 GBDT 的损失函数 $L(y, f_{t-1}(x) + h_t(x))$ 的基础之上增加了正则化项：

$$\Omega(h_t) = \gamma J + \frac{\lambda}{2}\sum_{j=1}^{J} w_{tj}^2$$

这里的 J 是叶子节点的个数，而 w_{tj} 是第 j 个叶子节点的最优值。

最终 XGBoost 的损失函数可以表达为：

$$L_t = \sum_{i=1}^{m} L(y_i, f_{t-1}(x_i) + h_t(x_i)) + \gamma J + \frac{\lambda}{2}\sum_{j=1}^{J} w_{tj}^2$$

要极小化上面这个损失函数，得到第 t 个决策树最优的所有 J 个叶子节点区域和每个叶子节点区域的最优解 w_{tj}，XGBoost 没有和 GBDT 一样去拟合泰勒展开式的一阶导数，而是期望直接基于损失函数的二阶泰勒展开式来求解。该损失函数的二阶泰勒展开式如下所示：

$$
\begin{aligned}
L_t &= \sum_{i=1}^{m} L(y_i, f_{t-1}(x_i) + h_t(x_i)) + \gamma J + \frac{\lambda}{2}\sum_{j=1}^{J} w_{tj}^2 \\
&\approx \sum_{i=1}^{m}\left(L(y_i, f_{t-1}(x_i)) + \frac{\partial L(y_i, f_{t-1}(x_i))}{\partial f_{t-1}(x_i)} h_t(x_i) + \frac{1}{2}\frac{\partial^2 L(y_i, f_{t-1}(x_i))}{\partial f_{t-1}^2(x_i)} h_t^2(x_i) \right) + \gamma J + \frac{\lambda}{2}\sum_{j=1}^{J} w_{tj}^2
\end{aligned}
$$

把第 i 个样本在第 t 个弱学习器的一阶和二阶导数分别记为：

$$
g_{ti} = \frac{\partial L(y_i, f_{t-1}(x_i))}{\partial f_{t-1}(x_i)}
$$

$$
h_{ti} = \frac{\partial^2 L(y_i, f_{t-1}(x_i))}{\partial f_{t-1}^2(x_i)}
$$

则损失函数可以表达为：

$$
L_t \approx \sum_{i=1}^{m}\left(L(y_i, f_{t-1}(x_i)) + g_{ti} h_t(x_i) + \frac{1}{2} h_{ti} h_t^2(x_i) \right) + \gamma J + \frac{\lambda}{2}\sum_{j=1}^{J} w_{tj}^2
$$

损失函数中的 $L(y_i, f_{t-1}(x_i))$ 是常数，对最小化无影响，可以去掉，同时由于每个决策树的第 j 个叶子节点的取值最终会是同一个值 w_{tj}，因此我们的损失函数可以继续化简：

$$
\begin{aligned}
L_t &\approx \sum_{i=1}^{m}\left(L(y_i, f_{t-1}(x_i)) + g_{ti} h_t(x_i) + \frac{1}{2} h_{ti} h_t^2(x_i) \right) + \gamma J + \frac{\lambda}{2}\sum_{j=1}^{J} w_{tj}^2 \\
&= \sum_{j=1}^{J}\left(\sum_{x_i \in R_{tj}} g_{ti} w_{tj} + \frac{1}{2}\sum_{x_i \in R_{tj}} h_{ti} w_{tj}^2 \right) + \gamma J + \frac{\lambda}{2}\sum_{j=1}^{J} w_{tj}^2 \\
&= \sum_{j=1}^{J}\left[\left(\sum_{x_i \in R_{tj}} g_{ti} \right) w_{tj} + \frac{1}{2}\left(\sum_{x_i \in R_{tj}} h_{ti} + \lambda \right) w_{tj}^2 \right] + \gamma J
\end{aligned}
$$

把每个叶子节点区域样本的一阶和二阶导数之和单独表示如下：

$$
G_{tj} = \sum_{x_i \in R_{tj}} g_{ti}
$$

$$
H_{tj} = \sum_{x_i \in R_{tj}} h_{ti}
$$

最终损失函数的形式可以表示为：

$$L_t = \sum_{j=1}^{J}\left[\left(G_{tj}w_{tj} + \frac{1}{2}(H_{tj} + \lambda)w_{tj}^2\right] + \gamma J$$

以上重点讲解了 XGBoost 的损失函数的数学推导过程，可以帮助我们更加清晰地理解 XGBoost 算法的基本原理以及优势。下面会介绍其损失函数优化求解的过程。

4.2.3　XGBoost 损失函数的优化求解

关于如何一次求解出最优的所有 J 个叶子节点区域和每个叶子节点区域的最优解 w_{tj} 的问题，可以拆分成 2 个问题：

1）如果我们已经求出了第 t 棵决策树的 J 个最优的叶子节点区域，如何求出每个叶子节点区域的最优解 w_{tj}？

2）对当前决策树做子树分裂决策时，应该选择哪个特征和特征值进行分裂，使最终我们的损失函数 L_t 最小？

第一个问题其实比较简单，我们直接基于损失函数对 w_{tj} 求导并令导数为 0 即可。这样我们得到叶子节点区域的最优解 w_{tj} 的表达式为：

$$w_{tj} = -\frac{G_{tj}}{H_{tj} + \lambda}$$

这个叶子节点的表达式不是 XGBoost 首创，实际上在 GBDT 的分类算法里，已经在使用了。GBDT 中叶子节点区域值的近似解表达式为：

$$c_{tj} = \sum_{x_i \in R_{tj}} r_{ti} \Big/ \sum_{x_i \in R_{tj}} |r_{ti}|(1-|r_{ti}|)$$

它其实就是使用了上式来计算最终的 c_{tj}。由于二元分类的损失函数是：

$$L(y, f(x)) = \log(1 + \mathrm{e}^{-yf(x)})$$

其每个样本的一阶导数为：

$$g_i = -r_i = -y_i / (1 + e^{y_i f(x_i)})$$

其每个样本的二阶导数为：

$$h_i = \frac{e^{y_i f(x_i)}}{(1 + e^{y_i f(x_i)})^2} = |g_i|(1 - |g_i|)$$

回到 XGBoost，我们已经解决了第一个问题，现在来看 XGBoost 优化拆分出的第二个问题。

在 GBDT 中，我们直接拟合 CART 回归树，所以树节点分裂使用的是均方误差。XGBoost 不使用均方误差，而是使用贪心法，即每次分裂都期望最小化我们的损失函数的误差。

注意：在 w_{tj} 取最优解的时候，原损失函数对应的表达式为：

$$L_t = -\frac{1}{2}\sum_{j=1}^{J}\frac{G_{tj}^2}{H_{tj} + \lambda} + \gamma J$$

如果我们每次做左右子树分裂时，可以最大程度地减少损失函数的损失就好了。也就是说，假设当前节点左右子树的一阶、二阶导数之和分别为 G_L、H_L、G_R、H_R，则我们期望最大化下式：

$$-\frac{1}{2}\frac{(G_L + G_R)^2}{H_L + H_R + \lambda} + \gamma J - \left[-\frac{1}{2}\frac{G_L^2}{H_L + \lambda} - \frac{1}{2}\frac{G_R^2}{H_R + \lambda} + \gamma(J+1)\right]$$

对上式进行整理后，则我们期望最大化的是：

$$\max \frac{1}{2}\frac{G_L^2}{H_L + \lambda} + \frac{1}{2}\frac{G_R^2}{H_R + \lambda} - \frac{1}{2}\frac{(G_L + G_R)^2}{H_L + H_R + \lambda} - \gamma$$

以上就是 XGBoost 的损失函数优化求解的过程，这个过程对我们理解其原理很重要。

4.2.4 XGBoost 算法流程

XGBoost 算法流程就是一个基于决策树的弱分类器的算法优化过程，不涉及运行效率优化和健壮性优化的内容。输入是训练集样本 $I=\{(x_1,y_1),(x_2,y_2),\cdots,(x_m,y_m)\}$，最大迭代次数 T，损失函数 L，正则化系数 λ、γ。输出是强学习器 $f(x)$，对迭代轮数 t=1,2,⋯,T，有如下内容成立。

1）计算第 i 个样本 (i=1,2,⋯,m) 在当前轮数的损失函数 L 基于 $f_{t-1}(x_i)$ 的一阶导数 g_{ti} 及二阶导数 h_{ti}，计算所有样本的一阶导数之和 $G_t=\sum_{i=1}^{m} g_{ti}$ 及二阶导数之和 $H_t=\sum_{i=1}^{m} h_{ti}$。

2）基于当前节点尝试分裂决策树，默认分数 score=0，G 和 H 为当前需要分裂的节点的一阶二阶导数之和。

其特征序号 k=1,2,⋯,K：

$$G_L=0$$
$$H_L=0$$

将样本按特征 k 从小到大排列，依次取出第 i 个样本，计算当前样本放入左子树后，左右子树一阶、二阶导数之和：

$$G_L=G_L+g_{ti}$$
$$G_R=G-G_L$$

$$H_L=H_L+h_{ti}$$
$$H_R=H-H_L$$

尝试更新最大的分数 score：

$$\text{score}=\max\left(\text{score},\frac{1}{2}\frac{G_L^2}{H_L+\lambda}+\frac{1}{2}\frac{G_R^2}{H_R+\lambda}-\frac{1}{2}\frac{(G_L+G_R)^2}{H_L+H_R+\lambda}-\gamma\right)$$

3）基于最大 score 对应的划分特征和特征值分裂子树。

4）如果最大 score 为 0，则当前决策树建立完毕，计算所有叶子区域的 w_{tj}，得到弱学习器 $h_t(x)$，更新强学习器 $f_t(x)$，进入下一轮弱学习器迭代。如果最大 score 不是 0，则转到第 2）步继续尝试分裂决策树。

以上就是 XGBoost 算法的整体计算流程，下面会介绍如何在实际的业务场景中使用 XGBoost 算法。

4.2.5 XGBoost 算法参数及调优

了解了 XGBoost 算法的原理还要了解其具体的应用流程，先来了解一些主要参数。XGBoost 算法中的参数大概可以分成三类：通用参数、booster 参数、学习目标参数。

1. 通用参数

通用参数主要用来控制 XGBoost 的宏观功能，具体包含以下几种参数。

booster：该参数用来选择每次迭代的模型，默认是基于树的模型 gbtree，也可以选择线性模型 gbliner。

silent：当参数值为 1 时，表示静默模式开启，不会输出任何信息。一般该参数值保持默认的 0，这样能帮我们更好地理解模型。

nthread：这个参数用来控制多线程的控制，输入为系统的核数。如果你希望使用 CPU 全部的核，那就不要输入这个参数，算法会自动检测它。默认值为最大可能的线程数。

2. booster 参数

尽管有两种模型可供选择，这里只介绍基于树模型的 booster，因为它的表现远远胜过线性模型 gbliner，所以线性模型很少用到。

eta：学习率，通过减少每一步的权重，提高模型的鲁棒性。典型值为 0.01 ～ 0.2，默认值为 0.3。

min_child_weight：该参数代表最小样本权重的和，用于避免过拟合。当它的值较大时，可以避免模型学习到局部的特殊样本。但是如果值过大，则会导致欠拟合。该参数需要使用模型效果来调整，默认值通常为 1。

max_depth：该参数代表树的最大深度，也用于避免过拟合。它的值越大，模型会学到更具体、更局部的样本。通常取值范围为 [3，10]，默认值通常为 6。

gamma：在节点分裂时，只有分裂后损失函数的值下降了，才会分裂该节点。该参数指定了节点分裂所需的最小损失函数的下降值，通常默认值为 0。该参数的值越大，算法越保守。因为 gamma 参数的值和损失函数息息相关，所以是需要根据具体情况及时调整的。

max_delta_step：该参数主要用来限制每棵树权重改变的最大步长。如果它的值为 0，那就意味着没有约束，通常默认值为 0。如果它被赋予了某个正值，那么它会让这个算法更加保守。通常，这个参数不需要设置，但是当各类别的样本十分不平衡时，它对逻辑回归是很有帮助的。 这个参数一般用不到，但是你可以挖掘出它更多的用处。

subsample：该参数控制对于每棵树进行随机采样的比例，通常取值范围为 [0.5,1]，默认值为 1。减小这个参数的值，可以避免过拟合。但是，如果这个值设置得过小，则可能导致欠拟合。

colsample_bytree：该参数用来控制每棵随机采样的列数的占比，通常取值范围为 [0.5,1]，默认值为 1。

colsample_bylevel：该参数用来控制树的每一级的每一次分裂对列数的采样的占比。一般在实际的业务中不太使用该参数，因为它与 subsample 参数的作用相同。如果感兴趣，可以自行查看这个参数的用处。

lambda：该参数代表 L2 正则化项，用来控制 XGBoost 的正则化部分，默认值为 1。虽然大部分数据科学家很少用到这个参数，但是这个参数在减少过拟合方面有很好的表现。

alpha：该参数代表 L1 正则化项，默认值为 1，适用于很高维度的情况，可以使得算法的速度更快。

scale_pos_weight：该参数用于各类别样本十分不平衡的情况，当参数值为一个正值时，可以使算法更快收敛。

3. 学习目标参数

学习目标参数主要用来控制理想的优化目标和每一步结果的度量方法，具体包含下面三个参数。

objective：该参数定义需要被最小化的损失函数。最常用的场景有二分类的逻辑回归、使用 Softmax 的多分类器等。

eval_metric：该参数用来选择对有效数据的度量方法，具体取决于 objective 参数的取值。针对回归问题，默认值为 rmse；针对分类问题，默认值为 error。

seed：随机数的种子，设置它可以复现随机数据的结果，默认值为 0。

以上就是 XGBoost 算法在实际应用中经常使用的一些参数，但具体还需要结合实际不断尝试，不断调整。参数调优的过程也没有想象中那么难，只要跟随以下方法，就可以取得不错的结果。

4. 参数调优方法

参数调优的技巧还是非常重要的，掌握好相关技巧，能更快地产出符合业务指标的模型。一般在实际的业务场景中参数调优主要涉及以下 3 个步骤。

1）选择较高的学习速率。一般情况下，学习速率的值为 0.1。但是，对于不同的问题，理想的学习速率有时候会在 0.05 到 0.3 之间波动。之后根据此学习速率选择相应的理想决策树数量。可以通过交叉验证方法计算并返回理想的决策树数量。

2）对于给定的学习速率和决策树数量，进行决策树特定参数 (max_depth、min_child_weight、gamma、subsample、colsample_bytree) 的调优。在确定一棵树的过程中，我们可以选择不同的参数。

3）正则化参数调优，目的是降低模型的复杂度，从而提升模型的表现效果。

综上，参数调优的过程主要就是通过控制变量的方法进行参数调整，大范围搜索出相对较好的参数，在小范围选择更优的参数，使得各项指标均相对提升。

4.3　知识问答质量体系的搭建

当前知识体系中的内容质量良莠不齐，且缺少权威性、时效性等内容质量的衡量因子，搭建完善的内容质量体系可以在搜索和推荐场景中提升优质内容的筛选效率，提高内容分发质量，更好地满足用户需求，具体表现为提升点击率、展现等业务指标。下面会介绍内容质量体系搭建的意义、项目实施方案的整体流程等。

4.3.1　知识问答质量体系建立的意义

知识问答质量体系主要基于问答相关性、内容丰富度、问答权威性、知识延展性以及优质阅读体验等多维度特征构建知识类问答分层递进的质量体系；依托于该质量体系，综合运用文本语义分析、排版分析、用户质量分层、多维度行为反馈、富媒体分析和多模型融合等相关建模技术，建立具备多用途、多场景、动态可调的分层质量分析系统。

4.3.2　整体的项目实施方案

知识问答质量体系的搭建过程主要分为以下四步：首先，与运营以及产品经理构建一套可落地且相对完善的问答质量标准，最好是从抽象化到具体化，转化成可衡量的一些特征；然后设计一套通用问答质量判别体系；最终确认关键技术路径进行集中攻克；问答质量判别体系与多种业务的紧密结合。知识问答体系搭建流程图如图 4-1 所示。

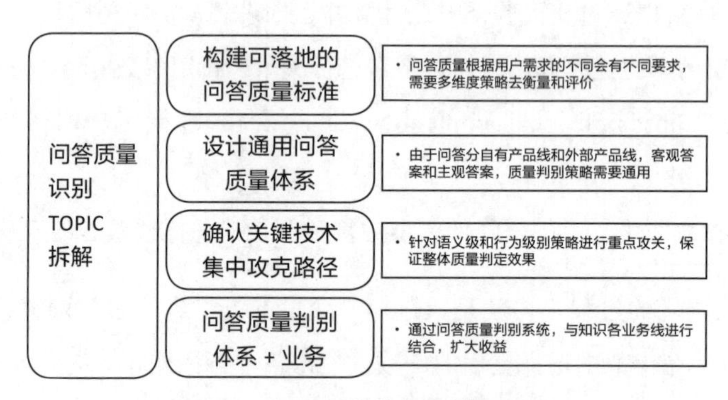

图 4-1　知识问答体系搭建流程图

1. 构建可落地的问答质量标准

要构建完善和符合业务发展的内容质量模型，首要任务是构建完善的问答质量标准。这不仅考察产品和运营人员平时的业务能力以及样本（case）的积累量，更考察他们的总结分析和思考的能力，还需要研发人员观察大量的 case，从待解决的业务问题出发，思考产品人员给出的问答质量标准是不是合理以及可实现程度。首先，随机打散抽取 5000 条问答数据用于产品数据标注和分析，数据评估结果如表 4-1 所示。

表 4-1　数据评估结果

序号	问题情况
1	内容重复
2	语句不通
3	营销
4	无意图
5	无断句
6	问题与回答相关性差
7	问题描述不清晰
8	标题冗余
9	自相矛盾
10	口语化
11	回答不明确
12	错别字
13	答非所问
14	标题不完整
15	内容违规
16	回答内容无意义

通过对随机抽取的 5000 条问答数据的评估，总结出以上 16 个影响质量的因素，通过对这些 case 的用心分析和周全思考，总结出一版可落地的问答质量标准，如表 4-2 所示。

表 4-2　问答质量标准

分级	类型	质量度	专业度	相关度
4	精选回答	1）标题表述完整，意图明确，无多余冗长 2）标题、标题描述、答案三者均不存在明显截断、错字病句 3）答案首句直接给出明确的回复 4）答案内容丰富，表述清晰流畅，字数不少于 80 字，所有问题必须均有回答，切忌冗余复杂 5）答案具有深度，在首句给出明确回复的前提下，要有深入解析，使用户获得清晰、完整、直接的视角来解决问题 6）答案具有广度，在已经满足用户需求的前提下，提供拓展性建议或进行多维度分析	1）答案表述专业、易懂，禁止出现专业性错误，避免过度口语化 2）回答人的工作年限以及职位	标题、标题描述、答案三者必须统一，严禁出现相互矛盾，答非所问等情况

（续）

分级	类型	质量度	专业度	相关度
3	高质量回答	1）标题表述完整，意图明确，无多余冗长 2）标题、标题描述、答案三者均不存在明显截断、错字病句 3）答案内容丰富，表述清晰流畅，字数不少于80字，所有问题必须均有回答	1）答案表述专业、易懂，禁止出现专业性错误，避免过度口语化 2）回答人的工作年限以及职位	标题、标题描述、答案三者必须统一，严禁出现相互矛盾，答非所问等情况
2	普通回答	1）标题意图明确，提问者主要诉求表达完整、无明显信息缺失 2）标题、标题描述、答案三者允许出现不影响阅读的错字病句 3）答案内容表述合理，文案通顺，所有问题必须均有回答，允许回答简单、信息量低	1）答案表述禁止出现专业性错误 2）允许答案中出现轻度营销导向内容	1）标题、标题描述、答案三者必须统一，严禁出现相互矛盾 2）在已经满足用户需求的前提下，允许回答提供拓展性建议时重点略有偏斜
1	低质内容	1）可通过标题或标题描述判断出提问者的主要诉求，允许非关键信息缺失 2）标题、标题描述、答案三者允许出现不影响阅读的错字病句 3）答案内容不全面，允许出现标题存在项目词/意图词，但只回答了其中部分项目词/意图词的情况	1）答案表述禁止出现专业性错误 2）允许答案中出现轻度营销导向内容	1）答案内容不全面，允许出现标题中存在项目词/意图词，但只回答了其中部分项目词/意图词的情况 2）允许答案中出现标题或标题描述从未提及的内容
0	违规内容	1）出现错字病句、表述不完整、重复段落、大量空白行、无意义符号等影响阅读的情况 2）出现联系电话、微信号、地址路线、医药机械品牌、医院医生等大量营销导向的内容 3）出现引导消极情绪、涉及黄反等不健康内容	答案为普通用户或者小编提交的回答	1）标题、标题描述、答案三者不统一，出现相互矛盾、答非所问等情况 2）项目标签与问答中的项目矛盾，标签挂载有误

2. 设计通用问答质量体系

在做问答质量判别的过程中，我们需要详细地思考业务数据的来源是自己生产的数据，第三方的数据，还是二者都有，因此设计通用问答质量判别体系的时候，需要考虑问答质量体系的兼容性，如果针对自有问答数据和外部问答数据分别进行质量判别效果可能更好，但是设计两套系统的人工成本很高，时间成本也很高。问答质量判别体系在不同的场景中需要使用的判别侧重点有所不同，在搜索场景中比较在意相关性特征，在推荐场景中比较在意用户兴趣特征，也就是说，内容展现与业务场景有很大的关联性；在一些分发场景中，只需要关注优质内容的分发，内容质量差的没机会分发。

3. 确认关键技术集中攻克路径

给出通用问答质量判别体系的详细设计方案之后，开发人员就需要马上进入开发阶段了。在开发阶段的前期，开发人员需要进行大量的技术调研和对每一项技术的各项指标评估，为后续的通用问答质量判别体系提供过硬的技术保障。一般问答质量判别体系需要调研的技术非常之多，例如问题和回答的相关性技术调研和评估，问题识别模型的调研和评估，答非所问模型的调研和评估，标题意图模型的调研和评估，关键词提取的调研和评估等，需要提前进行技术的分项调研和实践，也多人的协调配合，从而为问答质量系统建设提供稳定的保障。

4. 问答质量判别体系与业务的紧密结合

问答质量判别体系在落地的时候需要与不同的业务场景紧密结合，需要思考在不同场景中如何兼容的问题，如在推荐中如何落地，在搜索中如何落地，在智能对话中如何落地等诸多问题。在落地的时候需要协调好上下游的关系，否则会经常出现由协作问题导致目标不一致的情况。

技术难点总结如下。

1）问答质量没有统一标准，需要通过实验的方式反复验证以及上线效果评估，才能知道问答的质量标准是不是合理。

2）问答质量本身包含相关性、丰富度等多元属性，特征提取耗时，建立通用模型很难。

3）知识问句多口语化，需要精细化特征；知识回答较长，特征计算量大，且提取出关键信息的难度较大。

4）如何建立短问句 / 长问答的二元映射关系，满足基础和高级建模需求。

4.3.3 知识问答质量体系搭建流程

知识问答质量体系的搭建，主要是搭建问答质量分析流程，包括需求理解、质量分析、相关性分析、行为反馈分析、排版分析、权威分析、时效性分析等7个方面，其中后面6个分析均属于需求分析的内容。从内容满足度角度进行划分，可以划分为精选回答、高质量回答、普通回答、低质量回答和作弊违规五大类，且满足程度依次递减，其中这五大类内部可以有更详细的划分，以便更好地为业务服务。知识问答质量体系分析流程图如图4-2所示。

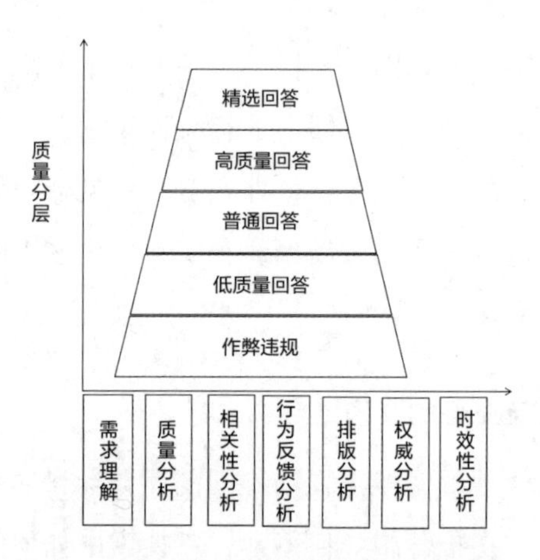

图4-2 知识问答质量体系分析流程图

问答质量体系最底端是作弊识别和低质量回答识别等大量模型的整合，作弊识别主要使用了作弊系统的接口，低质量回答识别针对特殊的应用场景进行了模型和算子的构建，例如标题不通顺识别，内容重复等。随着业务不断发展和壮大，低质量回答需要识别的东西也会越来越多，所以，需要一直维护和探索新的技术来满足业务的要求。

1. 需求理解

在搭建问答质量体系的过程中，首先要对需求进行深入理解，针对该问答质量体系搭建的背景、意义、业务价值以及技术实现进行深入思考、总结，并形成文档固化下来。

例如针对业务实现给出具体的实施方案，其流程图如图4-3所示。

技术实现中的特征提取模块主要通过模型预测模块、接口调用模块、规则计算模块三个模块进行组合，然后通过因子合并调权模块，最后通过分布划分模块进行阈值划分。

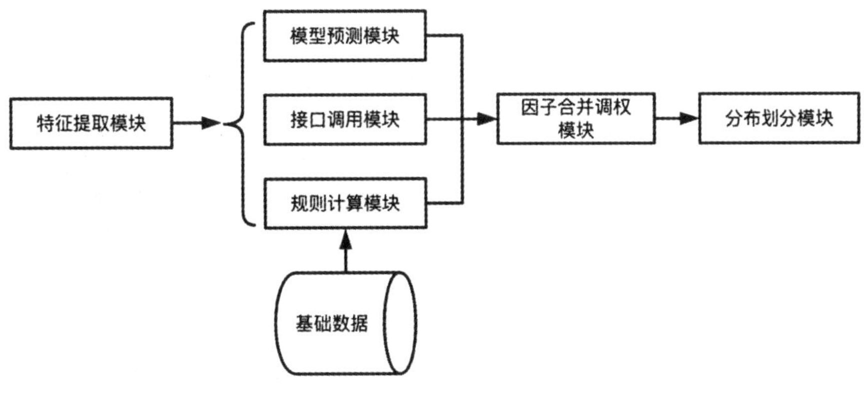

图 4-3 业务实现流程图

2. 需求分析

质量分析。基础特征的分析和提取主要包括通过文本规则提取出问题和回答的长度两个特征，通过关键词抽取出地域词特征，通过规则识别出是否包含口语化特征。

模型构建特征主要通过模型的方式进行特征的提取，构建答非所问模型以识别问题和回答是否矛盾，构建问题识别模型以判断标题是否是个问题，构建文本纠错模型以统计标题和回答内容中错别字的个数。

相关性分析。相关性分析特征主要包含问题和回答的相似度，需要调用其他平台的接口，问题和回答的关键词共现的个数以及问题和回答的皮尔森相关系数。

行为反馈分析。行为反馈特征的提取，从浏览和回答角度分析用户的显式和隐式反馈特征，产出行为调权基础分，同时结合用户质量分层，对不同层次人群进行影响程度区分，最终产出融合行为分。从浏览维度和回答两个维度分析行为反馈时，这两类行为又可以分为显式和隐式，其中显示特征譬如赞踩、举报、提问者采纳等，隐式特征包括点击更多回答、翻页等行为；其中显式行为特征相对质量较高，但由于只占 0.3%，数据比较稀疏，无法解决覆盖率低的问题。我们同时也引入了隐式特征来解决覆盖率问题。在进行策略优化的过程中，我们发现有些 case 存在准确率低的问题，分析原因在于用户行为反馈部分有一定随意性，因此通过引入用户画像数据，对用户进行分层来提高不用用户的行为置信度。最后，进行浏览、回答、用户质量三个维度数据的准备，针对行为反馈特征进行建模，得到最终的行为反馈模型。

排版分析。使用排版模型分析回答的结构，预估排版是否有良好的阅读体验等，在实践过程中主要用到了段落信息，其他的结构不是特别容易量化，所以实验过程中并没有用，导致结构信息有限。

权威分析。判断该回答是否有权威认证，包括回答用户、是否有积极讨论、是否被转载分享等。

时效性分析。回答是否满足时效性需求，主要是根据回答创建时间进行时效性的分析，创建越早越应该被及时推荐，创建时间越长，内容的时效性就会逐渐变差。

3. 技术实现

上面介绍了内容质量体系搭建的整体流程以及在搭建的过程中需要用到哪些方面的特征来进行模型训练，下面讲解一下整体的实现过程。

1）特征提取。经过详细的需求分析，针对上诉分析出的特征进行提取，结果如表4-3所示。

表4-3 特征提取结果

序号	特征
1	问题长度
2	描述长度
3	回答长度
4	标题和回答相关性
5	标题和前部分回答相关性
6	问题中的实体词和关键词个数
7	描述中的实体词和关键词个数
8	回答中的实体词和关键词个数
9	问题和回答共有的实体词和关键词的个数
10	标题是否存在意图
11	标题是否是问题
12	标题语义是否完整
13	标题和回答是否答非所问
14	用户质量分层得分
15	点击率
16	展现

（续）

序号	特征
17	分享次数
18	评论次数
19	用户停留时长
20	行为反馈模型得分
21	权威度得分
22	时效性得分
23	段落结构得分
24	标题是否口语化
25	标题包含错别字的个数
26	回答包含错别字的个数

进行上面26个特征的提取以及评估，经过准确率评估之后决定使用上诉特征进行模型的训练。其中很多特征的提取依赖一些分类模型，如答非所问模型、问题模型、语义不完整等模型，这些模型都是需要提前训练和评估好的。而且，这些特征的提取是建立在很多技术点基础之上的，不仅需要模型的支持，还需要一些常用接口和算子的支持，才能完成上面特征的提取。一般特征提取的准确率达到80%以上就可以用它们作为模型特征。

2）建立XGBoost模型。经过特征工程之后，对上面提取出来的特征进行归一化和打散操作，通过XGBoost模型进行训练和预测，其各项指标结果如表4-4所示。

表4-4　XGBoost模型各项指标结果

指标					
类型	准确率	精确率	召回率	F1值	ROC–AUC
训练集	0.998842	0.998504	0.998785	0.998644	0.998834
测试集	0.990516	0.989220	0.988574	0.988897	0.990270

通过准确率、精确率、召回率等各项指标，可以看到当前模型的效果还是很棒的，可以在业务中用来进行质量的评估。具体实现代码如下：

```
# -*-coding:utf8-*-
# !/usr/bin/python
import pandas as pd
import sklearn.utils as su
```

```
from sklearn.model_selection import train_test_split
from sklearn.model_selection import GridSearchCV
from sklearn.metrics import accuracy_score, precision_score, recall_score, f1_
    score, classification_report
from sklearn.metrics import auc, roc_auc_score, roc_curve, precision_recall_curve
from sklearn.metrics import confusion_matrix, make_scorer
import xgboost as xgb
from sklearn.preprocessing import MinMaxScaler


def func(x):
    """
    将0-1的概率以0.5为步长映射成数字,显示出每个概率内的数量
    """
    if x < 0.05:
        return '0-0.05'
    elif x < 0.1:
        return '0.05-0.1'
    elif x < 0.15:
        return '0.1-0.15'
    elif x < 0.2:
        return '0.15-0.2'
    elif x < 0.25:
        return '0.2-0.25'
    elif x < 0.3:
        return '0.25-0.3'
    elif x < 0.35:
        return '0.3-0.35'
    elif x < 0.4:
        return '0.35-0.4'
    elif x < 0.45:
        return '0.4-0.45'
    elif x < 0.5:
        return '0.45-0.50'
    elif x < 0.55:
        return '0.5-0.55'
    elif x < 0.6:
        return '0.55-0.6'
    elif x < 0.65:
        return '0.6-0.65'
    elif x < 0.7:
        return '0.65-0.7'
    elif x < 0.75:
        return '0.7-0.75'
```

```
    elif x < 0.8:
        return '0.75-0.8'
    elif x < 0.85:
        return '0.8-0.85'
    elif x < 0.9:
        return '0.85-0.9'
    elif x < 95:
        return '0.90-0.95'
    elif x <= 1:
        return '0.95-1'

def scaler(x):
    """
    数据的归一化
    param data: 数据的特征
    return: 数据归一化之后的数据集
    """
    mm = MinMaxScaler()
    x = mm.fit_transform(x)
    return x

def shuffle(x, y):
    """
    数据打散
    param data: 数据特征; label
    return: 打散之后的数据
    """
    X, Y = su.shuffle(x, y)
    return X, Y

def build_predict_xgb_model():
    """
    调参之后的预测分类器
    param data:
    return:xgb分类器
    """
    xgbost = xgb.XGBClassifier(
        learning_rate=0.5,
        n_estimators=90,
        max_depth=9,
        min_child_weight=1,
        gamma=0,
        subsample=0.8,
        colsample_bytree=0.8,
```

```
        objective='binary:logistic',
        nthread=4,
        scale_pos_weight=1,
        seed=27)

    return xgbost


def model_train(X, Y):
    """
    模型训练
    param data: 特征, label
    return:
    """
    X = scaler(X)
    X, Y = shuffle(X, Y)
    # 数据集拆分
    X_train, X_test, y_train, y_test = train_test_split(X, Y, test_size=0.2,
        random_state=0, stratify=Y)
    xgbost = build_predict_xgb_model()

    scoring = {'roc_auc': 'roc_auc', 'accuracy': 'accuracy', 'precision':
        'precision', 'recall': 'recall', 'f1': 'f1'}
    # 参数调优
    param_test = {'n_estimators': range(10, 100, 10), 'max_depth': range(1,
        10, 2)}

    gsearch = GridSearchCV(estimator=xgbost, param_grid=param_test, scoring=
        scoring, refit='roc_auc', n_jobs=4,
                        iid=False, cv=5, return_train_score=True)
    gsearch.fit(X_train, y_train)

    y_test_pred = gsearch.predict(X_test)
    y_train_pred = gsearch.predict(X_train)

    # 打印最佳超参数
    print(gsearch.best_estimator_)

    # 将训练器集合fit的cv_results保存为df格式
    cv_results = pd.DataFrame(gsearch.cv_results_).set_index(['params'])

    cv_results_mean = cv_results[
        ['mean_train_accuracy', 'mean_train_f1', 'mean_train_precision',
            'mean_train_recall','mean_train_roc_auc', 'mean_test_accuracy',
```

```
            'mean_test_f1', 'mean_test_precision','mean_test_recall', 'mean_
            test_roc_auc']] # cv_results 中的各个 score 的平均值
    cv_results_std = cv_results[
        ['std_train_accuracy', 'std_train_f1', 'std_train_precision',    'std_
            train_recall','std_train_roc_auc', 'std_test_accuracy', 'std_test_
            f1', 'std_test_precision','std_test_recall', 'std_test_roc_auc']]
            # cv_results 中的各个 score 的
    # 训练器集合 fit 中最好的模型得到的 best_score 和 best_params
    print('Best cv_test_roc_auc: %f using %s' % (gsearch.best_score_, gsearch.
        best_params_))
    # 验证集上结果
    print(cv_results_mean)
    print(cv_results_std)

    # 模型的最终评估指标
    train_score_list = []
    test_score_list = []
    score_list = []
    # 模型评价指标，与评分相对应
model_metrics_name = [accuracy_score, precision_score,
recall_score, f1_score, roc_auc_score]
    for matrix in model_metrics_name:  # 计算各个模型评价指标
        train_score = matrix(y_train, y_train_pred)  # 计算训练集的 score
        test_score = matrix(y_test, y_test_pred)  # 计算测试集的 score
        train_score_list.append(train_score)  # 把训练集的各个模型指标放在同一行
        test_score_list.append(test_score)  # 把测试集的各个模型指标放在同一行
    score_list.append(train_score_list)  # 合并训练集和测试集的结果(便于展示)
    score_list.append(test_score_list)  # 合并训练集和测试集的结果(便于展示)
    score_df = pd.DataFrame(score_list, index=['train', 'test'],
                                    columns=['accuracy', 'precision', 'recall',
                                        'f1', 'roc_auc'])
    print("各项评估指标如下：")
    print(score_df)

def recall_acc_pr_f1(y_pred, y_test):
    """
    评价指标
    param data：预测数据，测试数据
    return：预测概率
    """
    recall = recall_score(y_pred, y_test)
    acc = accuracy_score(y_pred, y_test)
    pr = precision_score(y_pred, y_test)
    f1 = f1_score(y_pred, y_test)
```

```
    report = classification_report(y_pred, y_test)

def func(x):
    try:
        if float(x):
            return x
        else:
            return 1
    except Exception as e:
        return 1


if __name__ == '__main__':
    df = pd.read_csv('feature.txt', sep='\t')
    y = df['label']
    dx = df.drop(['label'], axis=1)
    x = dx.values
model_train(x, y)
```

4.4 本章小结

本章主要讲解了内容质量在业务场景中的重要性、内容质量的衡量标准，还讲解了对内容进行满足业务要求的分级操作。4.1 节主要讲解了 GBDT 算法的原理以及优缺点分析。4.2 节主要讲解了 XGBoost 算法原理以及参数调优的流程。4.3 节主要讲解了知识问答质量体系搭建的意义、实施方案以及具体实现流程。

CHAPTER 5

第 5 章

标签体系构建

用户画像将产品设计的焦点放在目标用户的动机和行为上，从而避免了产品设计人员草率地代表用户，不能准确地了解用户实际需求。产品设计人员经常不自觉地把自己当作用户代表，根据自己的需求设计产品，导致无法抓住实际用户的需求，即使对产品做了很多功能的升级，但却让用户体验变差了。

在大数据领域，用户画像的作用远不只于此。用户的行为数据无法直接用于数据分析和模型训练，我们也无法从用户的行为日志中直接获取有用的信息。而将用户的行为数据标签化以后，我们对用户就有了一个直观的认识。同时计算机也能够理解用户，将用户的行为信息用于个性化推荐、个性化搜索、广告精准投放和智能营销等诸多领域。

5.1 标签体系

随着互联网的崛起，用户画像越来越被重视，完善的用户画像可以帮助我们更准确地了解用户需求，使得业务价值收益明显。标签体系建设是用户画像中非常重要的一部分。下面将重点介绍标签体系的重要性、标签体系的分类以及标签体系的构建。

5.1.1 标签体系的重要性

伴随着互联网的兴起，每天有大量的内容以文本、音频、视频等形式产生并被上传到各大信息平台。面对海量的内容，提升这些内容的智能分发效率是各大平台必须要面对的关键问题。更好地认识我们的用户成为解决该问题的首要任务，而构建用户画像的本质就是对用户信息进行标签化管理。建设标签体系会让数据变得可阅读、易理解，方便业务使用。另外，通过标签类目体系将标签进行组织排布，可以一种适用性更好的组织方式来匹配未来变化的业务场景需求。如何规划标签体系对产品的运营影响非常大，因此，标签是产品策略中特别关键的一环。

5.1.2 标签体系的分类

标签是指利用原始数据，通过一定的加工逻辑产出，能够被业务直接使用的可阅读、易理解、有业务价值的数据。标签体系有三种组织方式：结构化标签体系、半结构化标签体系和非结构化标签体系。

1. 结构化标签体系

结构化标签体系是比较规整的树或森林，有明确的层级划分和父子关系。在对一些品牌广告的受众进行定向时往往采用这种结构化较强的标签体系。需要指出的是，这一体系中的标签是根据需求方的逻辑而制定的。某些对于媒体方意义很大的分类标签，如军事等，由于没有明确的需求对应，不宜出现在标签体系中。表5-1为品牌广告受众定向采用的结构化标签体系。

表5-1 品牌广告受众定向采用的结构化标签体系

一级标签	二级标签
Finance	Bank Accounts、Credit Cards、Investiment、Insurance、Loans、Real Estate
Service	Loacl、Wireless、Gas & Electric
Travel	Europe、Americas、Air、Lodging、Rail
Tech	Hardware、Software、Consumer、Mobile
Entertainment	Games、Movies、Television、Gambling
Autos	Econ、Mid、Luxury、Salon、Coupe、SUV
FMCG	Personal care
Retail	Apparel、Gifts、Home
其他	Health、Parenting、Moving

2. 半结构化标签体系

半结构化标签介于结构化和非结构化之间。当作用于效果广告时，标签设计的灵活性提高很多，这种用户标签在行业上呈现出一定的并列体系，而各行业内的标签设计主要为了追求更好的效果，切不可拘泥于形式。表 5-2 是 Bluekai 聚合多种数据形成的半结构化标签体系。

表 5-2　Bluekai 聚合多种数据形成的半结构化标签体系

类别	描述	数据来源	用户规模（单位：百万人）
Intent	最近输入词表现出某种产品或服务需求的用户	BlueKai Intent	160+
B2B	职业上接近某种需求的用户	Bizo	90
Past Purchase	根据以往消费习惯判断可能购买某产品的用户	Addthis、Alliant	65+
Geo、Demo	地理上或人口属性上接近某标签的用户	Biao、Datalogix, Expedia	
Interest、LifeStyle	可能喜欢某种商品或某种风格的用户	Forbes、i360、IXI	103+
Qualified Demo	多数据源上达成共识验证一致的人口属性	多数据源	90+
Estimated Financial	根据对用户财务状况的估计作出的分类	V12	

标签体系不能太过混乱，否则运营起来比较困难。因此，实践中往往还需要一些结构化标签进行补充，或者通过机器决策进行个性化的重定向。

3. 非结构化标签体系

非结构化标签没有明确的层级划分和父子关系，很难规整成树状结构。搜索广告里用的关键词，Facebook 中使用的用户兴趣词使用的都是非结构化标签。通过关键词特殊的标签形式内容划分人群和投放广告，往往可以达到比较精准的效果。关键词这种标签体系是无层级关系、完全非结构化的，易于理解，易操作。但是由于搜索在互联网中的重要地位，选择和优化投放关键词这样一项专门技术已经发展得相当充分，因此这种标签也是实践中常用的。

在实际场景中，选择标签体系的类型时还是需要基于业务需求。当标签仅仅是投放系统需要的中间变量，作为 CTR 预测或者其他模块的变量输入时，其实没有必要采用结构化标签体系，而应该完全按照效果驱动的方式来规划或挖掘标签，并且各个标签之间也不太需要层次关系的约束。

5.1.3　构建标签体系

1. 确定对象

标签建设，首先要清楚对哪类对象建设标签，也就是确定对象。对象是客观世界中研究目标的抽象，有实体的对象，也有虚拟的对象。在企业经营过程中可以抽象出非常多的对象，这些对象在不同业务场景下交叉，产生联系，是企业的重要资产，需要全面刻画了解。

对象分为“人”“物”“关系”三大类。三种对象是不一样的，“人”往往具有主动性和智慧，能主动参与社会活动，主动发挥推动作用，是关系的发出者。“物”往往是被动的，包括原料、设备、建筑物、简单操作的工具或功能集合等，是关系的接收者。如果常规意义上的设备具有了充分的人工智能，变成了机器人，那么它就属于“人”这一类对象。“人”和“物”是实体类的对象，即看得到、摸得着的对象，而“关系”属于一种虚拟对象，是对两实物或实体间的联系的定义。关系很重要，企业大多数情况下是在对关系进行定义、记录、分析、优化，因此需要“关系”这种对象存在，对关系进行属性描述和研究。按照产生的动因不同，关系又分为事实关系和归属关系，事实关系会产生可量化的事实度量，归属关系只是一种归属属性。

明确了对象的定义和分类，就可以根据业务的需要确定要对哪些对象建立标签体系。基于内容的对象非常多，不可能对所有对象都建立独立的标签体系，所以一般我们会根据业务流量的需求、稿件的数量、类目的相似性、类目间的关系进行排序，确定标签的优先级和必要性。

2. 框架与类目设计

一般来说，互联网产品需要使用的标签类目数量非常庞大，当标签项超过一定数量时，业务人员使用或查找标签就很麻烦，管理标签也会变得困难。因此笔者借鉴了图书管理学中的经典方法：海量图书需要有专门的图书分类体系对书本进行编号并按照编号分柜排放，阅读者在查阅图书时只需要按编号索引即可快速找到自己所需的图书，图书管理员也可以方便、有效地厘清所有图书状况。

要构建标签类目体系，首先需要确定根目录。根目录就是上文提到的对象，因此有三类：人、物、关系。根目录就像树根一样直接确定这是一棵什么树。如果根目录是人，即这个标签类目体系就是人的标签类目体系，每个根目录都有一个识别列来唯一识别具体对象。人这种大类下包括自然人和企业法人两种亚根，同时自然群体或企业法人群体也属于人的对象范畴，也是亚根。自然人实例可以细分为消费者、员工、加盟商等，因此可以形成消费者的标签类目体系、员工的标签类目体系、加盟商的标签类目体系。同样法人也可以细分为实体公司、营销公司、运输公司等。从最大的“人”根目录、到“自然人 / 法人 / 自然人群体 / 法人群体”亚根，再到实例“用户 / 员工 / 加盟商”，它们都属于根目录的范畴。

根据类似的方式，也可以将物细分为“物品”“物体”“物品集合”“物体集合”等亚类，各亚类还可以继续细分，关系也可以细分为“关系记录”“关系集合”。图 5-1 为构建标签类目体系结构示意图。

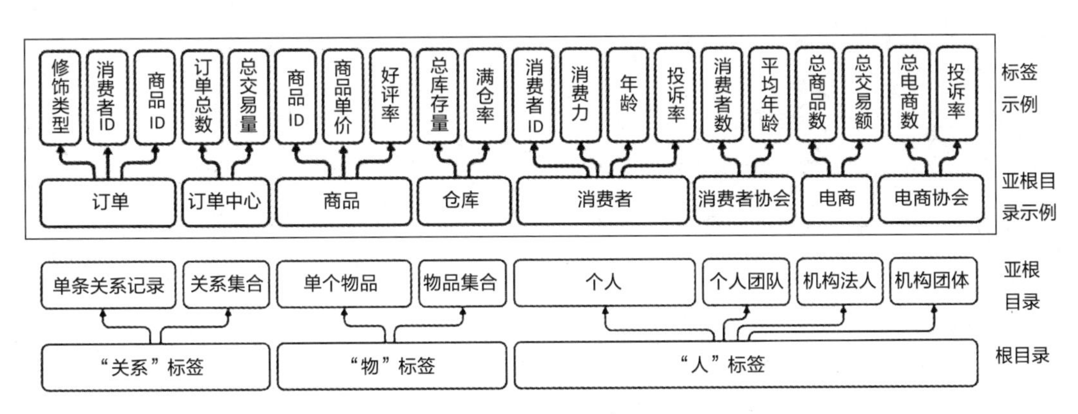

图 5-1　构建标签类目体系

构建标签类目体系是指对业务所需标签采用类目体系的方法进行设计、归属、分类。类目体系本身是对某一类目标物进行分类、组织，分类通常使用一级类目、二级类目、三级类目等作为分类名。

类目结构可以用树状结构来比拟，根上长出的第一级分支称为一级类目，从第一级分支中长出的第二级分支称为二级类目，从第二级分支中长出的第三级分支称为三级类目。一般类目结构设为三级分层结构即可。没有下一级分类的类目叫叶类目，分布在叶类目上的具体叶子就是标签。图 5-2 是类目体系结构示例。

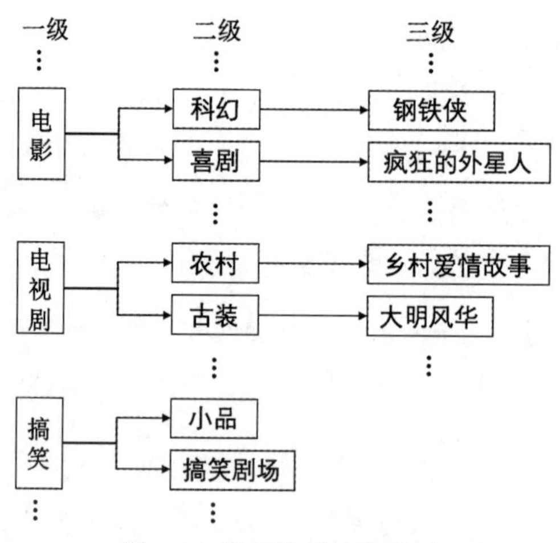

图 5-2　类目体系结构示例

需要注意的是，类目体系的构建一般是基于业务展开的，因为类目体系存在的核心意义即帮助用户快速查找、管理数据标签。

图 5-3 为某银行构建的客户标签类目体系，其中客户是根目录，由 custom_id 来进行唯一识别，根目录下有“基本特征”“资产特征”“行为特征”“偏好特征”等一级类目。“基本特征”一级类目下又分“ID 信息”“人口统计”“地址信息”“职业信息”二级类目。“地址信息”二级类目下再细分为“账单地址”等三级类目。“账单地址”三级类目下有“账单详细地址”“账单地址邮编”“账单地址所在省”等标签。

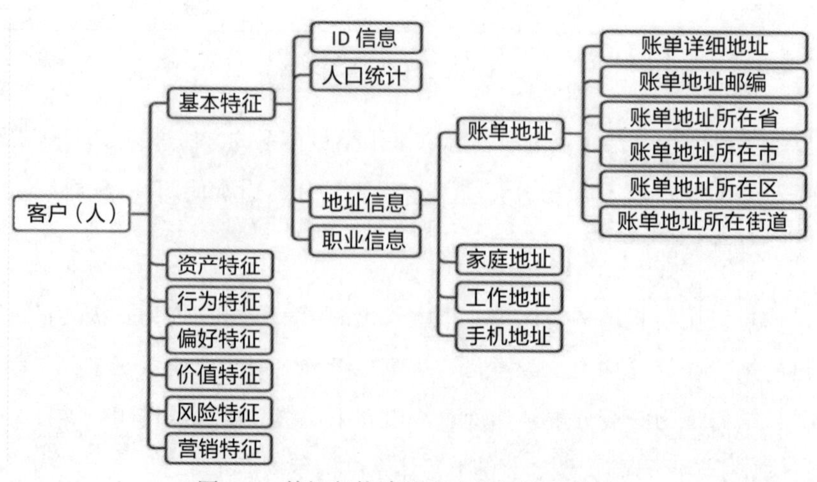

图 5-3　某银行构建的客户标签类目体系

标签类目设计完成后，整个标签体系的框架就有了，接下来要做的就是往每个叶类目下填充有业务价值并且可以加工出来的标签，进而完成整个标签体系的设计。

3. 标签设计与标注

设计完标签类目，就得到了某类对象的标签体系框架，但是缺少具体的标签内容。标签设计就是设计合适的标签并将其分配到合理的标签类目中。

我们先从产品的视角出发，剖析如何制作有效的业务标签。在拆解内容时，主要分为以下几个步骤。

- 一级类目拆分：将内容拆解为三个部分，即用户、内容、关系，并将三者作为根目录。
- 二级类目拆分：用户属性可以拆分为人口属性、兴趣属性、行为偏好、发表时间等，内容属性可以拆分为统计类、质量类、向量类。
- 三级类目拆分：如统计类包含点击率、时长、完播率、转评赞、跳出率等。

特别需要注意的是，习惯性打标签、贴标签并不是在设计标签，而是在设计特征值。例如对某个人的定义是女、20 ～ 30 岁、白领、活泼开朗，分别对应性别、年龄段、职业、性格标签的具体特征值。图 5-4 为拆解内容示例图。

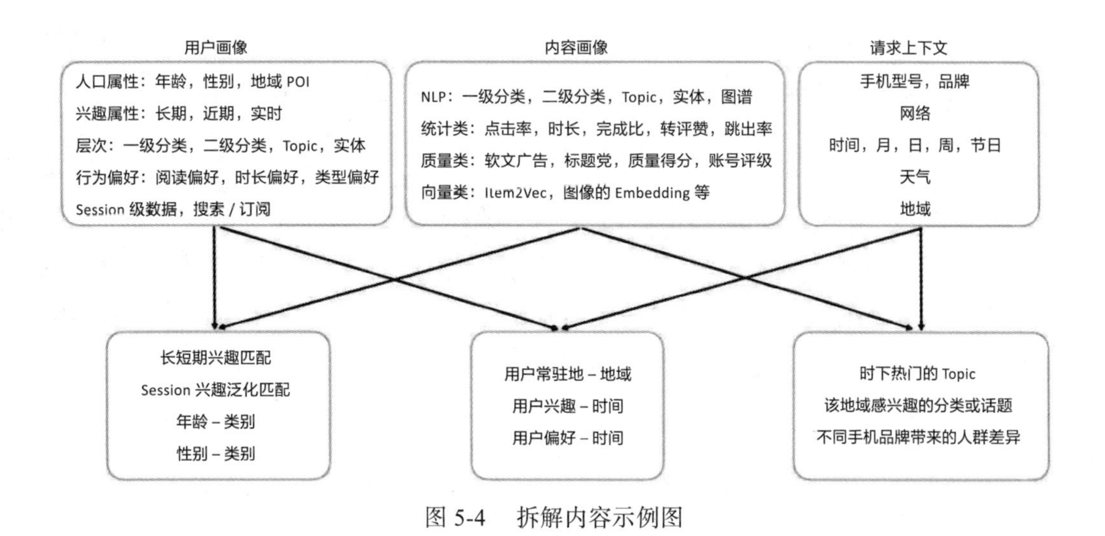

图 5-4　拆解内容示例图

我们需要对这些特征进行一定的交叉处理，赋予这个特征更加广泛的含义。例如使用用户画像和内容画像做交叉，可以得到用户的长短期的兴趣匹配、Session兴趣泛化匹配、用户年龄对于某些内容类别的偏好、用户性别对于某些内容类别的偏好等。使用用户特征与请求的上下文进行特征交叉处理，会得到用户常驻地在什么地方、用户的兴趣随时间如何变化等信息，例如有的用户会在早上看新闻，而在晚上看一些娱乐类资讯。通过这些特征值组合，我们可以尽可能高效地对用户群进行划分，从而实现内容的精准分发。

下面从运营以及创作者的视角简单分析如何制作优质标签。深入了解用户并切中他们的痛点，是运营及创作者的关键任务，这样才能标注合理的用户标签。我们可以转换角色、换位思考，多维度、多角度地看问题和思考问题。

案例：作为一个UP主，你接了一份宣传“降噪耳机”的营销工作，任务是让用户下单，完成内容的价值转化。思考一下，该怎么设计这个故事？

参考文案：你在银行做经理，维护客户关系很艰难，你的职位不上不下。你有房贷和车贷，每月需要五千元。孩子的数学成绩不好。老婆在市人民医院做护士，她母亲有尿毒症并透析多年。你年轻的时候觉得能成就一番事业，但现在也就这样，朋友们混得都比你好。生活太糟了，你需要一个独立的环境抒发情绪，这时候你戴上了降噪耳机。

这就是一个典型的“用户视角”，它描述的是一个场景，让你一边看一边产生强烈的代入感，不由自主受到内容的感染，产生情绪波动，在情绪的驱使下完成下单的行为，实现价值转化。

除了上面这种基于内容体验的打标签方法，在业务场景中，一般是基于标题、作者、内容属性、地理属性、时间等数据通过算法生成高精度的内容标签。这些由算法生成的内容标签可以代替漫长的人工标注，从而节省人力和时间成本，提高内容标签生产效率。目前，内容标签技术的精度已经达到了90%以上，后续将重点介绍基于一些常用算法提取标签的流程。

经过上述几个步骤后，我们就完成了整个标签体系的建设。

在这个过程中，要注意以下几个问题。

1）内容的时效性。任何一个内容，如视频或者图文等，都有一定的生命周期。但是在有效的周期内通过算法等技术给予内容有效的曝光是很困难的。时效性是我们需要更多关注的点，过了内容的生命周期，再向用户推荐是没有意义的，将会导致用户体验非常差。

2）内容的质量判定。必须紧密地结合业务关系看待内容质量的好坏，结合业务思考获得有效的特征，以便更好地建模。

3）冷启动问题。分为内容冷启动与用户冷启动。内容冷启动是指一个新内容进入平台后没有被分发出来，而用户冷启动是指一个新用户的交互数据和行为数据非常稀疏。因此，完善的标签体系能够引导用户进行后续更加稠密的交互，增加黏性，进而提升用户体验。

5.2 TF-IDF 算法

下面将介绍构建标签体系模型时用到的 3 种主要算法。我们先来看 TF-IDF 算法。

5.2.1 TF-IDF 算法介绍

TF-IDF（Term Frequency–Inverse Document Frequency，词频 – 逆向文档频率）是一种用于信息检索（Information Retrieval）与文本挖掘（Text Mining）的常用加权技术。

TF-IDF 是一种统计方法，用于评估某字词对于一个文件集或一个语料库中的某份文件的重要程度。字词的重要性与它在文件中出现的次数成正比，与它在语料库中出现的频率成反比。

1. TF

TF（Term Frequency，词频）表示词条（关键字）在文本中出现的频率，通常会被归一化，防止它偏向长的文本。公式如下：

$$\mathrm{TF}_{i,j}=\frac{n_{i,j}}{\sum_k n_{k,j}}$$

其中$n_{i,j}$是该词在文件中出现的次数，分母则是文件中所有词汇出现的次数总和。

2. IDF

IDF（Inverse Document Frequency，逆向文档频率）的公式如下：

$$\mathrm{IDF}_i=\log\frac{|D|}{|\{j:t_i\in d_j\}|}$$

其中，$|D|$是语料库中的文件总数，$|\{j:t_i\in d_j\}|$表示包含词语t_i的文件数目（即$n_{i,j}\neq 0$的文件数目）。如果该词语不在语料库中，就会导致分母为零，因此一般情况下使用$1+|\{j:t_i\in d_j\}|$作为分母。如果包含词条t的文档越少，IDF越大，则说明词条具有很好的类别区分能力。

TF-IDF实际上是指TF × IDF，表示某一特定文件内的高词语频率，以及该词语在整个文件集合中的低文件频率，可以产生出高权重的TF-IDF。因此，TF-IDF倾向于过滤掉常见的词语，保留重要的词语。

注意：TF-IDF算法易理解、易实现，但是其简单结构并没有考虑词语的语义信息，无法处理一词多义与一义多词的情况。

5.2.2　TF-IDF算法实现

TF-IDF算法实现如下：

```
from collections import defaultdict
import math
import operator

def loadDataSet():
    """
    函数说明：创建数据样本
    Returns:
```

```
        dataset - 实验样本切分的词条
        classVec - 类别标签向量
    """
    # 切分的词条
    dataset = [['my', 'dog', 'has', 'flea', 'problems', 'help', 'please'],
               ['maybe', 'not', 'take', 'him', 'to', 'dog', 'park', 'stupid'],
               ['my', 'dalmation', 'is', 'so', 'cute', 'I', 'love', 'him'],
               ['stop', 'posting', 'stupid', 'worthless', 'garbage'],
               ['mr', 'licks', 'ate', 'my', 'steak', 'how', 'to', 'stop', 'him'],
               ['quit', 'buying', 'worthless', 'dog', 'food', 'stupid']]

    # 类别标签向量，1 代表好，0 代表不好
    classVec = [0, 1, 0, 1, 0, 1]

    return dataset, classVec

def feature_select(list_words):
    """
    函数说明：特征选择 TF-IDF 算法
    Parameters: list_words，词列表
    Returns: dict_feature_select，特征选择词字典
    """
    # 总词频统计
    doc_frequency = defaultdict(int)
        for word_list in list_words:
            for i in word_list:
                doc_frequency[i] += 1

    # 计算每个词的 TF 值
    word_tf = {}  # 存储每个词的 TF 值
    for i in doc_frequency:
    word_tf[i] = doc_frequency[i] / sum(doc_frequency.values())

    # 计算每个词的 IDF 值
    doc_num = len(list_words)
    word_idf = {}  # 存储每个词的 IDF 值
    word_doc = defaultdict(int)  # 存储包含该词的文档数
    for i in doc_frequency:
        for j in list_words:
            if i in j:
word_doc[i] += 1
    for i in doc_frequency:
    word_idf[i] = math.log(doc_num / (word_doc[i] + 1))

    # 计算每个词的 TF-IDF 的值
```

```
    word_tf_idf = {}
    for i in doc_frequency:
    word_tf_idf[i] = word_tf[i] * word_idf[i]

    # 对字典值由大到小排序
    dict_feature_select = sorted(word_tf_idf.items(), key=operator.
        itemgetter(1), reverse=True)
    return dict_feature_select


if __name__ == '__main__':
    data_list, label_list = loadDataSet()  # 加载数据
    features = feature_select(data_list)  # 所有词的 TF-IDF 值
    print(features)
    print(len(features))
```

有两种方式实现 TF-IDF 算法，具体如下。

1. 基于 sklearn 实现 TF-IDF 算法

```
from sklearn.feature_extraction.textimport CountVectorizer
from sklearn.feature_extraction.textimport TfidfTransformer

x_train = ['TF-IDF 主要 思想 是', '算法 一个 重要 特点 可以 脱离 语料库 背景',
'如果 一个 网页 被 很多 其他 网页 链接 说明 网页 重要']
x_test = ['原始 文本 进行 标记', '主要 思想']

# 将文本中的词语转换为词频矩阵，矩阵元素 a[i][j] 表示 j 词在 i 类文本下的词频
vectorizer = CountVectorizer(max_features=10)
# 统计每个词语的 TF-IDF 值
tf_idf_transformer = TfidfTransformer()
# 将文本转为词频矩阵并计算 TF-IDF 值
tf_idf = tf_idf_transformer.fit_transform(vectorizer.fit_transform(x_train))
# 将 TF-IDF 矩阵抽取出来，元素 a[i][j] 表示 j 词在 i 类文本中的 TF-IDF 权重
x_train_weight = tf_idf.toarray()

# 对测试集进行 TF-IDF 权重计算
tf_idf = tf_idf_transformer.transform(vectorizer.transform(x_test))
x_test_weight = tf_idf.toarray()  # 测试集 TF-IDF 权重矩阵

print('输出 x_train 文本向量：')
print(x_train_weight)
print('输出 x_test 文本向量：')
print(x_test_weight)
```

2. 基于 TF-IDF 算法进行关键词提取

基于 TF-IDF 算法的关键词提取操作可以使用 Jieba 工具进行实现。Jieba 工具已经将 TF-IDF 算法封装起来了，在真实的业务场景中可以使用 Jieba 工具进行关键词抽取。实现代码如下：

```
import jieba.analyse

text = '关键词是能够表达文档中心内容的词语，常用于计算机系统标引论文内容特征、' \
    '信息检索、系统汇集以供读者检阅。关键词提取是文本挖掘领域的一个分支，是文本检索、' \
    '文档比较、摘要生成、文档分类和聚类等文本挖掘研究的基础性工作'

keywords = jieba.analyse.extract_tags(text, topK=5, withWeight=False, allowPOS=())
print(keywords)
```

结果如下：

```
['文档', '文本', '关键词', '挖掘', '文本检索']
```

注意，在上述代码中，text 为待提取的文本；topK 为返回几个 TF/IDF 权重最大的关键词，默认值为 20；withWeight 为是否一并返回关键词权重值，默认值为 False；allowPOS 表示仅包括指定词性的词，默认值为空，即不筛选。

TF-IDF 算法的缺点如下：

1）没有考虑特征词的位置因素对文本的区分度，词条出现在文档的不同位置对区分度的贡献大小应该是不一样的。

2）按照传统 TF-IDF 算法，一些生僻词的 IDF 值会比较高，因此这些生僻词常会被误认为是文档关键词。

3）传统 TF-IDF 中的 IDF 部分只考虑了特征词与它出现的文本数之间的关系，而忽略了特征项在不同的类别间的分布情况。

4）对于文档中出现次数较少的重要人名、地名信息进行提取的效果不佳。

5.3 PageRank 算法

本节主要介绍 PageRank 算法。

1. PageRank 算法是什么

PageRank（简称 PR）算法是 Google 排名运算法则的一部分，是 Google 用来标识网页等级以及重要性的一种方法，也是衡量一个网站好坏的重要标准之一。Google 通过 PageRank 算法提高搜索结果的相关性和质量。在 PageRank 算法提出之前，已经有研究者提出利用网页的入链数量来进行链接分析计算。这种入链方法假设一个网页的入链越多，则该网页越重要。早期的很多搜索引擎也采用入链数量作为链接分析方法的衡量标准，对于搜索引擎效果提升也有较明显的效果。PageRank 算法除了考虑了入链数量的影响，还参考了网页质量因素，两者相结合获得了更好的网页重要性评价标准。

2. PageRank 算法的两个假设

PageRank 算法建立在以下两个基本假设之上。

1）数量假设：在图模型中，一个页面节点接收到的其他网页指向的入链数量越多，这个页面越重要。

2）质量假设：指向该页面的入链质量不同，质量高的页面会通过链接向其他页面传递更多的权重，所以越是质量高的页面指向该页面，则该页面越重要。

利用以上两个假设，PageRank 算法在开始时会赋予每个网页相同的重要性得分，通过迭代递归计算来更新每个页面节点的 PageRank 得分，直到得分稳定为止。

3. 基本概念

在了解 PageRank 算法的定义之后，我们还需要了解下面几个概念，以便更好地了解 PageRank 算法的原理与实现。

1）出链。如果在网页 A 中附加了网页 B 的超链接 B-Link，用户浏览网页 A 时可以单击 B-Link 进入网页 B。上面这种 A 附有 B-Link 的情况表示 A 出链 B。同理，网页 A 也可以出链 C，如 A 中也附有网页 C 的超链接 C-Link。

2）入链。通过单击网页 A 中的超链接 B-Link 进入 B，表示由 A 入链 B。如果用户在浏览器输入栏输入网页 B 的 URL，然后进入 B，表示用户通过输入 URL 入链 B。

3）无出链。如果网页 A 中没有附加其他网页的超链接，则表示 A 无出链。

4）只对自己出链。如果网页 A 中没有附加其他网页的超链接，而只有它自己的超链接 A-Link，则表示 A 只对自己出链。

5）PR 值。一个网页的 PR 值，从概率上理解就是此网页被访问的概率，PR 值越高，其排名越靠前。

注意：这里的网页其实是指节点，用网页进行介绍只是便于大家理解。

4. PageRank 算法的原理与实现

PageRank 算法的计算流程主要由两个步骤组成，具体分析如下。

步骤一：给每个网页赋予一个 PR 值；
步骤二：通过投票算法不断迭代，直至达到平稳分布为止。

计算公式如下：

$$\mathrm{PR}(a)_{i+1}=\sum_{i=0}^{n}\frac{\mathrm{PR}(Ti)_i}{L(Ti)}$$

其中， PR(Ti) 表示其他节点（指向节点 a）的 PR 值。$L(Ti)$ 表示其他节点（指向节点 a）的出链数。i 表示循环次数。

互联网中的众多网页节点可以看作一个有向图，如图 5-5 所示。

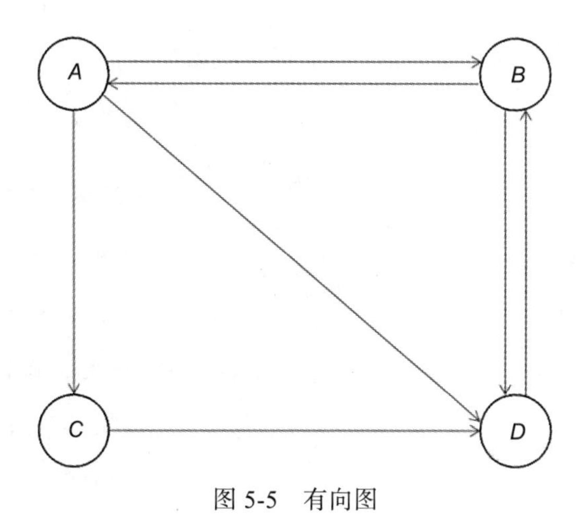

图 5-5　有向图

由于 PR 值的物理意义是一个节点被访问的概率，所以初始值可以假设为 $\frac{1}{N}$，其中 N 为节点总数。一般情况下，所有节点的 PR 值的总和为 1。

当 i=1 时，$\mathrm{PR}(A)_1=\frac{\mathrm{PR}(B)_0}{L(B)}=\frac{\frac{1}{4}}{2}=\frac{1}{8}$

$$\mathrm{PR}(B)_1=\frac{\mathrm{PR}(D)_0}{L(D)}+\frac{\mathrm{PR}(A)_0}{L(A)}=\frac{\frac{1}{4}}{3}+\frac{\frac{1}{4}}{1}=\frac{1}{3}$$

$$\mathrm{PR}(C)_1=\frac{\mathrm{PR}(A)_0}{L(A)}=\frac{\frac{1}{4}}{3}=\frac{1}{12}$$

$$\mathrm{PR}(D)_1=\frac{\mathrm{PR}(A)_0}{L(A)}+\frac{\mathrm{PR}(B)_0}{L(B)}+\frac{\mathrm{PR}(C)_0}{L(C)}=\frac{\frac{1}{4}}{3}+\frac{\frac{1}{4}}{2}+\frac{\frac{1}{4}}{1}=\frac{11}{24}$$

根据图 5-5 计算的 PR 值如表 5-3 所示。

表 5-3　根据图 5-5 计算的 PR 值

循环次数 i	PR 值			
	PR(A)	PR(B)	PR(C)	PR(D)
$i=0$	0.25	0.25	0.25	0.25
$i=1$	0.125	0.333	0.083	0.458
⋮	⋮	⋮	⋮	⋮
$i=100$	0.1999	0.3999	0.0666	0.3333

经过几次迭代后，各网页节点的 PR 值逐渐收敛稳定，一般循环次数控制在 100 左右即可。

如图 5-6 所示，如果存在没有出度链接的节点，例如节点 A，则会产生排名泄露问题。

如表 5-4 所示，经过多次迭代后，所有节点的 PR 值都趋向于 0。图 5-6 中的节点 A 没有出链，也没有对其他节点 PR 值的贡献，为了满足马尔可夫链的收敛性，于是我们设定其对所有的节点（包括它自己）都有出链。如果节点没有入度链接，经过多次迭代后，A 的 PR 值会趋向于 0，该过程通常称为排名下沉。可以设定其对所有的网页（包括它自己）都有入链。

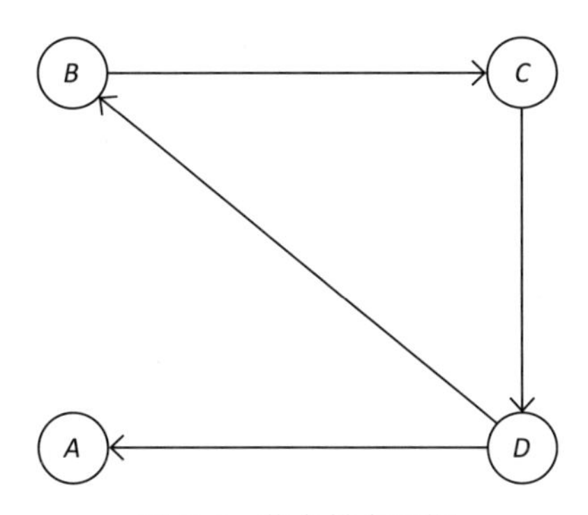

图 5-6　节点排名泄漏

表 5-4　排名泄露的 PR 值

循环次数 i	PR 值			
	PR(A)	PR(B)	PR(C)	PR(D)
$i=0$	0.25	0.25	0.25	0.25
$i=1$	0.125	0.125	0.25	0.25
⋮	⋮	⋮	⋮	⋮
$i=100$	0	0	0	0

排名上升问题是指互联网中某个节点只有对自己的出链，或者几个节点的出链形成一个循环圈，那么在不断迭代的过程中，这一个或几个节点的 PR 值将只增不减。图 5-7 所示的节点 C 的迭代就属于这种情况。

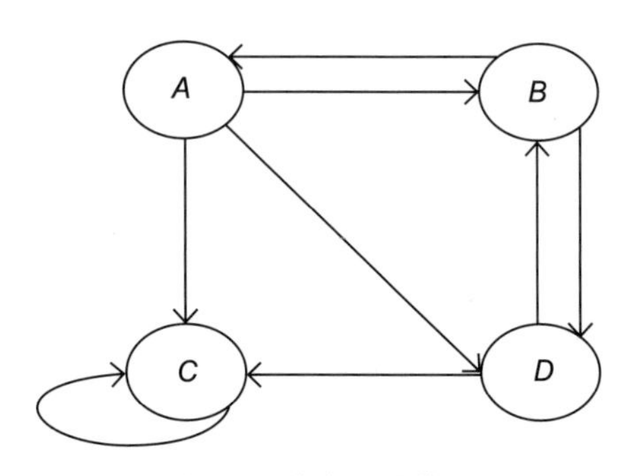

图 5-7　节点的迭代图

为了解决这个问题，我们假定它有一个确定的概率会输入网址并直接跳转到一个随机的网页，跳转到每个网页的概率是一样的，则图 5-7 中 C 的 PR 值可表示为：

$$\mathrm{PR}(C)=\alpha\left(\frac{\mathrm{PR}(D)}{2}+\frac{\mathrm{PR}(A)}{3}\right)+\frac{(1-\alpha)}{4}$$

其中 α 一般取 0.85，可以解决排名上升的问题。

矩阵化表达是指使用转移概率矩阵表示其中边的跳转关系，如表 5-5 所示。

表 5-5 矩阵化表达

	A	*B*	*C*	*D*
A	0	$\frac{1}{2}$	0	0
B	$\frac{1}{3}$	0	0	1
C	$\frac{1}{3}$	0	0	0
D	$\frac{1}{3}$	$\frac{1}{2}$	1	0

$\mathrm{PR}(a)=M\times V$，其中 M 为转移概率矩阵，V 为上一轮不同节点的 PR 值组成的向量。

经过多次迭代，PR 值趋于稳定，然后根据 PR 值进行排序和推荐。

PageRank 算法的实现代码如下：

```
import numpy as np
import networkx as nx
import matplotlib.pyplot as plt
def getGm(A):
    """
    功能：求状态转移概率矩阵 Gm
    A：网页链接图的邻接矩阵
    """
    Gm = []
    for i in range(len(A)):
        cnt = 0
        for j in range(len(A[i])):
            if A[i][j] != 0:
                cnt += 1
        tran_prob = 1 / cnt  # 转移概率
        Gm_tmp = []
```

```
        for j in range(len(A[i])):
            Gm_tmp.append(tran_prob * A[i][j])
        Gm.append(Gm_tmp)
    Gm = np.transpose(Gm)
    return Gm

def getBaseLev(N):
    """
    功能：计算网页所获得的基本级别 (1-P)*e/n
    N：网页总个数
    """
    P = 0.85
    e = np.ones(N)
    R = [[(1 - P) * i * 1 / N] for i in e]
    return R

def getPR(P, Gm, R, PR):
    """
    功能：获取 PR 值
    P：加权系数，通常取 0.85 左右，按照超链接进行浏览的概率
    Gm：状态转移概率矩阵
    R：网页所获得的基本级别
    PR：每个网页节点的 PageRank 值
    """
    # 状态转移概率矩阵 Gm 与 PR 值相乘，矩阵相乘
    Gm_PR = np.dot(Gm, PR)
    # 矩阵乘以常数 P
    P_Gm_PR = P * Gm_PR
    # 矩阵相加
    new_PR = P_Gm_PR + R   # PR=P*Gm'PR+(1-d)*e/n PageRank 算法的核心
    return new_PR

def res_vis(A, PR):
    """
    将计算出来的值进行可视化展示
    A：网页链接图的邻接矩阵
    PR：每个网页节点最终的 PageRank 值
    """
    # G=nx.Graph() 构造的是无向图，G=nx.DiGraph() 构造的是有向图
    # 初始化有向图，节点数为 7，edge（边）被创造的随机概率
    all_edges = []
    for i in range(7):
        for j in range(len(A)):
            if A[i][j] == 1:
```

```
                all_edges.append([i + 1, j + 1])
                #（1）初始化有向图
    G = nx.DiGraph()
    #（2）添加节点
    G.add_nodes_from(range(1, len(A)))
    #（3）添加有向边
    G.add_edges_from(all_edges)
    #（4）添加PR值
    pr = {}
    for i in range(len(PR)):
        pr[i + 1] = PR[i][0]
    #（5）画图
    layout = nx.spring_layout(G)
    plt.figure(1)
    nx.draw(G, pos=layout, node_size=[x * 6000 for x in pr.values()],
            node_color='m', with_labels=True)
    plt.show()

def main():
    # 初始化参数
    N = 7  # 网页个数
    P = 0.85  # 一个加权系数，通常取 0.85 左右，按照超链接进行浏览的概率
    # 网页链接图的邻接矩阵，每一列表示一个网页的出度
    A = np.array([[0, 1, 1, 0, 1, 1, 0],
                  [1, 0, 1, 1, 0, 0, 0],
                  [1, 0, 0, 1, 1, 0, 0],
                  [1, 0, 0, 0, 1, 0, 0],
                  [1, 0, 0, 1, 0, 1, 1],
                  [0, 0, 0, 0, 1, 0, 0],
                  [1, 0, 0, 0, 0, 0, 0]])
    A = np.transpose(A)  # 转置
    # 初始化PR值为0
    new_PR = []
    for i in range(N):
        new_PR.append([0])
    count = 0  # 迭代计数器
    while True:
        PR = new_PR
        R = getBaseLev(N)
        Gm = getGm(A)
        new_PR = getPR(P, Gm, R, PR)
        count = count + 1
        print("第 %s 轮迭代" % count)
        print(str(round(new_PR[0][0], 5)))
```

```
                  + "\t" + str(round(new_PR[1][0], 5))
                  + "\t" + str(round(new_PR[2][0], 5))
                  + "\t" + str(round(new_PR[3][0], 5))
                  + "\t" + str(round(new_PR[4][0], 5))
                  + "\t" + str(round(new_PR[5][0], 5))
                  + "\t" + str(round(new_PR[6][0], 5)))
        # 设置迭代条件
        if (round(PR[0][0], 5) == round(new_PR[0][0], 5)
                and round(PR[1][0], 5) == round(new_PR[1][0], 5)
                and round(PR[2][0], 5) == round(new_PR[2][0], 5)
                and round(PR[3][0], 5) == round(new_PR[3][0], 5)
                and round(PR[4][0], 5) == round(new_PR[4][0], 5)
                and round(PR[5][0], 5) == round(new_PR[5][0], 5)
                and round(PR[6][0], 5) == round(new_PR[6][0], 5)):
            break
    print("-------------------")
    print("PageRank 值已计算完成 ")
    res_vis(A, new_PR)

if __name__ == '__main__':
    main()
```

5.4　TextRank 算法

TextRank 算法是一种基于图的用于关键词抽取和文档摘要的排序算法，由 Google 的网页重要性排序算法 PageRank 改进而来。它能够从一篇文档内部的词语间的共现信息（语义）中抽取出关键词，也能够从一个给定的文本中抽取出该文本的关键词、关键词组，并使用抽取式的自动文摘方法抽取出该文本的关键句。

计算公式如下：

$$WS(V_i)=(1-d)+d\times\sum_{V_j\in\ln(V_i)}\frac{W_{ji}}{\sum V_k\in\mathrm{Out}(V_j)^{W_{jk}}}WS(V_j)$$

其中：$WS(V_i)$ 表示句子 i 的权重；右侧求和表示每个相邻句子对本句子的贡献程度，在单文档中，可以粗略地认为所有文档都是相邻的，不需要像多文档一样进行多个窗口的生成和抽取，仅需单一窗口文档即可；W_{ji} 表示两个句子的相似度；$WS(V_j)$ 表示上次迭代出的句子的权重；d 是阻尼系数，一般为 0.85。

5.4.1 TextRank 算法的使用场景

在实际的业务场景中，我们经常需要进行关键词以及关键句子的抽取，这些一般很难单独产生价值，比较基础，需要和其他技术共同发挥作用。例如：在建立知识图谱的过程中需要使用关键词构建关系；在文本摘要生成技术中，需要提取关键词以及关键句子来形成候选集合，然后再根据权重选择重要的内容生成文本摘要用于其他的场景中。

1. 关键词抽取实例

给定文本：

```
程序员（英文 Programmer）是从事程序开发、维护的专业人员。一般将程序员分为程序设计人员和程序
    编码人员，但两者的界限并不非常清楚，特别是在中国。软件从业人员分为初级程序员、高级程序员、
    系统分析员和项目经理四大类。
```

对上述文本进行分词和去停用词可得：

```
程序员，英文，程序，开发，维护，专业，人员，程序员，分为，程序，设计，人员，程序，编码，人员，
    界限，特别，中国，软件，人员，分为，程序员，高级，程序员，系统，分析员，项目，经理
```

现在建立一个大小为 9 的窗口，即相当于每个单词要将票投给距离它 5 个词以内的单词：

```
开发 =[ 专业，程序员，维护，英文，程序，人员 ]
软件 =[ 程序员，分为，界限，高级，中国，特别，人员 ]
程序员 =[ 开发，软件，分析员，维护，系统，项目，经理，分为，英文，程序，专业，设计，高级，人
    员，中国 ]
分析员 =[ 程序员，系统，项目，经理，高级 ]
维护 =[ 专业，开发，程序员，分为，英文，程序，人员 ]
系统 =[ 程序员，分析员，项目，经理，分为，高级 ]
项目 =[ 程序员，分析员，系统，经理，高级 ]
经理 =[ 程序员，分析员，系统，项目 ]
分为 =[ 专业，软件，设计，程序员，维护，系统，高级，程序，中国，特别，人员 ]
英文 =[ 专业，开发，程序员，维护，程序 ]
程序 =[ 专业，开发，设计，程序员，编码，维护，界限，分为，英文，特别，人员 ]
```

```
特别 =[ 软件, 编码, 分为, 界限, 程序, 中国, 人员 ]
专业 =[ 开发, 程序员, 维护, 分为, 英文, 程序, 人员 ]
设计 =[ 程序员, 编码, 分为, 程序, 人员 ]
编码 =[ 设计, 界限, 程序, 中国, 特别, 人员 ]
界限 =[ 软件, 编码, 程序, 中国, 特别, 人员 ]
高级 =[ 程序员, 软件, 分析员, 系统, 项目, 分为, 人员 ]
中国 =[ 程序员, 软件, 编码, 分为, 界限, 特别, 人员 ]
人员 =[ 开发, 程序员, 软件, 维护, 分为, 程序, 特别, 专业, 设计, 编码, 界限, 高级, 中国 ]
```

然后开始迭代投票，直至收敛：

```
程序员 =1.9249977
人员 =1.6290349
分为 =1.4027836
程序 =1.4025855
高级 =0.9747374
软件 =0.93525416
中国 =0.93414587
特别 =0.93352926
维护 =0.9321688
专业 =0.9321688
系统 =0.885048
编码 =0.82671607
界限 =0.82206935
开发 =0.82074183
分析员 =0.77101076
项目 =0.77101076
英文 =0.7098714
设计 =0.6992446
经理 =0.64640945
```

可以看到“程序员”的票数最多，它是整段文本最重要的单词，因而我们将文本中得票数多的若干单词作为该段文本的关键词。

2. 关键句抽取流程及实例

关键句抽取任务主要针对的是自动摘要场景，TextRank 算法是一种抽取式的无监督的文本摘要方法。关键句抽取流程如图 5-8 所示，具体分析如下。

1）将所有文章整合成文本数据。

2）把文本分割成单个句子。

3）将每个句子转化成词向量。

4）计算句子向量间的相似性并存放在矩阵中。

5）将相似矩阵转换为以句子为节点、相似性得分为边的图结构。

6）一定数量的排名最高的句子构成最后的摘要。

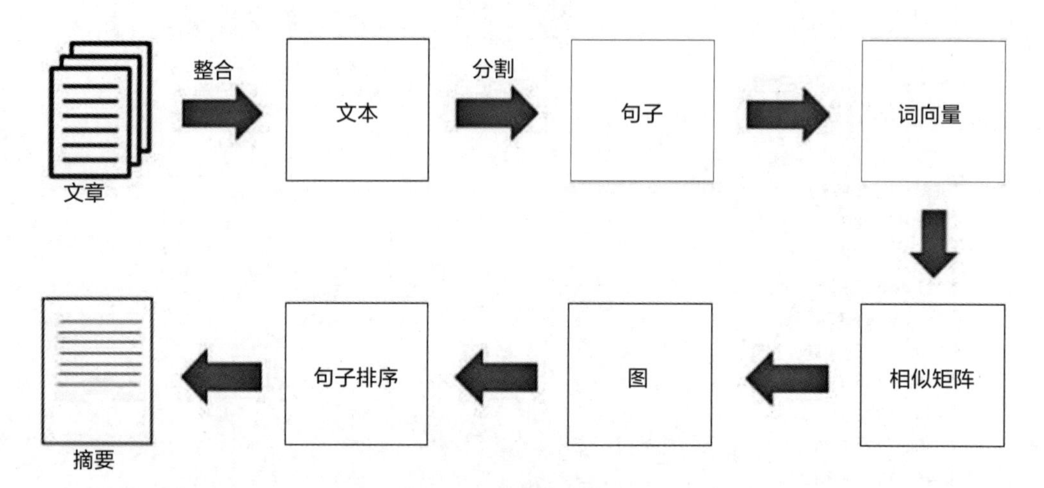

图 5-8　关键句抽取流程

基于 Textrank4zh 的 TextRank 代码实现如下：

```
from textrank4zh import TextRank4Keyword, TextRank4Sentence
import jieba.analyse
from snownlp import SnowNLP
import pandas as pd
import numpy as np

def keywords_extraction(text):
    """
    关键词抽取
    """
    tr4w = TextRank4Keyword(allow_speech_tags=['n', 'nr', 'nrfg', 'ns', 'nt', 'nz'])
    # allow_speech_tags: 词性列表，用于过滤某些词性的词
    tr4w.analyze(text=text, window=2, lower=True, vertex_source='all_filters',
        edge_source='no_stop_words', pagerank_config={'alpha': 0.85, })
    # window: 窗口大小，用来构造单词之间的边
    keywords = tr4w.get_keywords(num=6, word_min_len=2)  # word_min_len：词的最
      小长度，默认值为 1
    return keywords
```

```
def keysentences_extraction(text):
    """
    TextRant 实现 num 个关键句抽取
    """
    tr4s = TextRank4Sentence()
    tr4s.analyze(text, lower=True, source='all_filters')
    # text: 文本内容，字符串
    # lower: 是否将英文文本转换为小写，默认值为 False
    # source: 选择使用 words_no_filter、words_no_stop_words、words_all_filters 中
        的哪一个来生成句子之间的相似度
    # 获取最重要的 num 个长度大于等于 sentence_min_len 的句子作为摘要
    keysentences = tr4s.get_key_sentences(num=3, sentence_min_len=6)

    return keysentences

if __name__ == "__main__":
    text = "今天的人工智能能够取得如此辉煌的进步，在很大程度上要归功于深度学习的提升。" \
           "也可以说，没有深度学习就没有今天的人工智能。从发展的历程来看，深度学习的进步" \
           "轨迹几乎是信息领域进步的缩影。但是，深度学习算法也带来了一些考验人类社会的问题，" \
           "比如人工智能的可解释性。未来几年，深度学习领域的重要发展方向是可解释性，这也是捆绑" \
           "在人工智能领域的一道“枷锁”，需要高级的深度学习来解答。"
    # 关键词抽取
    keywords = keywords_extraction(text)
    print(keywords)

    # 关键句抽取
    keysentences = keysentences_extraction(text)
    print(keysentences)
```

结果如下：

```
# 关键词
[{'word': '人工智能', 'weight': 0.17423619474856433}, {'word': '社会', 'weight':
    0.12810655124277037}, {'word': '领域', 'weight': 0.12529219956354562}, {'word':
    '解释性', 'weight': 0.12529219956354562}, {'word': '问题', 'weight': 0.12038588155054311},
    {'word': '人类', 'weight': 0.07101866959608918}]
# 摘要
[{'index': 4, 'sentence': '未来几年，深度学习领域的重要发展方向是可解释性，这也是捆绑在人
    工智能领域的一道"枷锁"，需要高级的深度学习来解答', 'weight': 0.21632431616251083},
    {'index': 3, 'sentence': '但是，深度学习算法也带来了一些考验人类社会的问题，比如人
    工智能的可解释性', 'weight': 0.2053016244392884}, {'index': 0, 'sentence': '
    今天的人工智能能够取得如此辉煌的进步，在很大程度上要归功于深度学习的提升', 'weight':
    0.204288155192134}]
```

5.4.2　TextRank 算法的优缺点

TextRank 算法的优点是采用无监督的方式，无须构造数据集训练。其算法原理简单，部署也很简单。另外 TextRank 算法继承了 PageRank 的思想，效果相对较好，相对 TF-IDF 算法，可以更充分地利用文本元素之间的关系。TextRank 算法的缺点是结果受分词、文本清洗影响较大，即对于某些停用词的保留与否，直接影响最终结果。虽然与 TF-IDF 比，它利用了词频，但是仍然受高频词的影响，因此，需要结合词性和词频进行筛选，以达到更好的效果。

5.5　本章小结

本章主要讲述了用户画像中标签体系的相关内容。5.1 节主要讲解了标签体系的重要性、标签体系分类以及如何构建标签体系。5.2 节主要讲解 TF-IDF 算法的原理以及它在关键词提取中的实现流程。5.3 节主要讲解了 PageRank 算法的原理以及实现。5.4 节主要讲解了基于 TextRank 算法的关键词、关键句提取。

CHAPTER 6

第6章 文本摘要生成

在日常的工作、学习中，我们经常会遇到需要将多个文件归纳总结成简短段落的工作，往往费时又乏味。因此，我们希望借助文本摘要技术对海量的数据内容进行提炼和总结，生成简洁、直观的摘要来概括用户所关注的主要内容，方便用户快速了解与浏览海量内容。

6.1 文本摘要相关介绍

21世纪以来，互联网飞速发展，文本数据呈指数增长，如何有效地从海量信息中提炼出用户所需的有用资源，已经成为一个亟待解决的问题。因此，文本摘要技术应运而生。它可以为用户提供简洁而不失原意的信息，有效地降低用户的信息负担，提高信息获取速度，在信息检索、舆情分析、内容审查等领域具有较高的研究价值。

6.1.1 文本摘要问题定义

在互联网时代，海量文本数据的涌现导致用户很难快速地获取文本中的有效信息，因此需要借助一定的技术手段将文本提炼成不丢失原意的信息。文本摘要就是通过算法自动地将文本转换成简短的摘要，帮助用户通过摘要准确地了解原始文本的中心内容。高质量的文本摘要能够在信息检索过程中发挥重要的作用，比如使用文本摘要代替整个文档进行检索，可以有效缩短检索的时间，也可以减少检索结果中的冗余信息，提升用户体验。

6.1.2 文本摘要分类

文本摘要的方法根据不同的标准有不同的划分。按照是否提供上下文环境，可以分为面向查询的文本摘要和普通文本摘要；按照不同的用途，可以分为指示性文本摘要和报道性文本摘要等；按照文档数量，可以分为单文档文本摘要和多文档文本摘要；按照不同的学习方法，可以分为有监督文本摘要和无监督文本摘要；按照产生方法，可以分为抽取式文本摘要和生成式文本摘要；按照摘要目的，可以分为关键词摘要、短语摘要、句子摘要和段落摘要等。

虽然文本摘要按照不同的需求可以细分成不同的类别，但无论哪种划分方法，只要能达到最终目标就是好的方法。这里我们主要介绍抽取式文本摘要和生成式文本摘要的算法技术、数据集以及评价标准。

6.1.3 文本摘要的技术和方法

前文提到，按照产生方法可将文本摘要方法分为抽取式文本摘要方法和生成式文本摘要方法。前者是从原始文档中直接提取关键文本单元组成摘要，文本单元包括单词、短语、句子等。后者则是通过对输入的原始文档进行理解来生成摘要，具有生成高质量摘要的潜质。

文本摘要的技术框架包括内容表示、权重计算、内容选择和内容组织。其中，内容表示实际上是文本表征，具体内容可参考第1章；权重计算则是对文本单元计算相应的权重评分，如基于特征评分、序列标注、分类模型等提取内容特征计算权重；内容选择是从计算过权重的文本单元中选择相应的文本子集组成摘要候选集，其选择的策略主要有摘要长度、启发式算法等；内容组织是对候选集中的内容进行整合形成最终的摘要。

目前主流的文本摘要技术方法的对比如表6-1所示。我们将文本摘要的方法按照是否有监督分为无监督学习方法和有监督学习方法，其中无监督学习方法不需要训练数据和人工参与，速度快、效率高，在缺乏高质量数据集的时候效果较好，但该方法的应用场景简单，不能满足用户的需求。

表 6-1　文本摘要技术方法分类

方法	技术	描述	缺点	类型
抽取式方法	经验	使用人工提取摘要的经验，提取文档中重要的句子	依赖人类经验	无监督学习
	主题模型	使用语义信息、主题模型，挖掘词句隐藏信息抽取重要句子	效果依赖于数据质量和领域	无监督学习
	图	句子作为顶点，两个句子的相似度作为边的权重，根据顶点的权重分数来确定关键词句	依赖句子相似度，计算量大、运算相对较慢	无监督学习
	特征评分	根据词频、句子位置或句子与首句相似度等来选择关键词句构成摘要	需要手工设置权重，质量不好	无监督学习
	聚类	将句子视为点，按照聚类的方法完成摘要	易受异常点的干扰	无监督学习
	深度学习	利用 CNN、RNN、LSTM 等神经网络模型进行句子级摘要抽取	可解释性差，需要大量人工标注数据，对计算机性能有一定要求	监督学习
生成式方法	图	词作为顶点，两个词的相似度作为边的权重，根据顶点的权重分数来选择最优路径	只依赖于单词的相似度，计算量大、运算速度慢	无监督学习
	语义表示	将原文表示为深层语义形式，计算深层语义子图，由其生成摘要	效果不是很好	无监督学习
	模板	通过观察人工摘要总结模板，填充模板框架转换为摘要	摘要的语言千篇一律，过于呆板	无监督学习
	深度学习	利用神经网络模型进行文本理解，端到端生成摘要	对数据要求较高，参数量多且训练慢，易出现梯度消失或爆炸等现象	监督学习

1. 抽取式文本摘要

抽取式文本摘要就是识别并抽取出文本中最重要的部分作为文本的摘要，如图 6-1 所示。

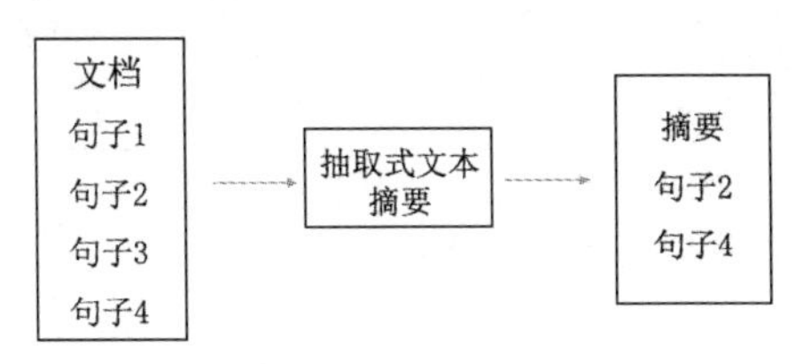

图 6-1　抽取式文本摘要

抽取式文本摘要方法主要考虑摘要的相关性和句子的冗余度，相关性用于评估摘要所用的句子是否能代表原文的意思，冗余度用于评估候选句中包含多少冗余信息。目前，现有的抽取式文本摘要方法都是以句子为最小提取单元进行摘要提取的。抽取式文本摘要方法的框架如图 6-2 所示，大致分为以下步骤。

1）文档理解：构建包含文本主要信息的表征。

2）语句重要性计算与排名：基于该表征对文档中的句子进行评分。

3）语句选择：根据评分选出构成摘要的句子。

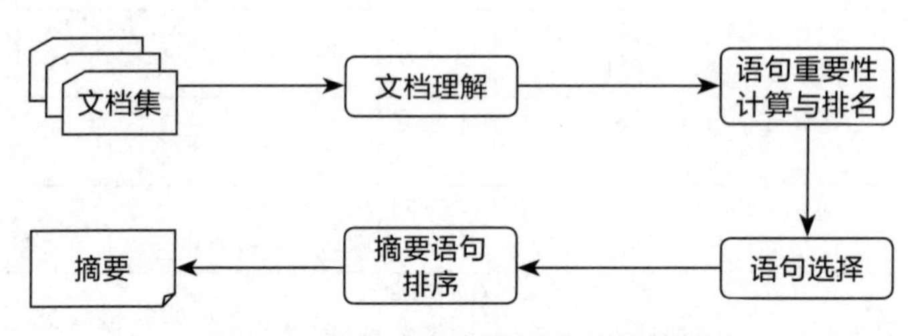

图 6-2　抽取式文本摘要方法的框架

这样我们就把文本摘要这个复杂的问题转化为三个独立的子问题，该方法通常面临两个难题：如何计算文本单元的重要性并排序和如何选择排序后的文本单元。

2. 生成式文本摘要

生成式文本摘要是基于自然语言理解技术，根据源文档内容，由算法模型自己生成自然语言描述，而非提取原文中的句子，如图 6-3 所示。

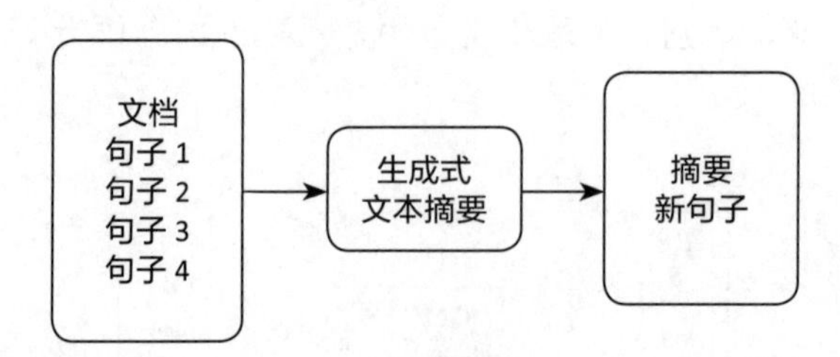

图 6-3　生成式文本摘要

6.2　基于无监督的抽取式文本摘要

抽取式文本摘要方法是一种直接从原文中选择若干条重要句子，并对所选句子进行排序和重组而形成摘要的方法。根据是否使用训练数据又可以将抽取式文本摘要方法分为两大类：无监督抽取式文本摘要方法和有监督抽取式文本摘要方法。这里我们详细介绍几种基于无监督的抽取式文本摘要方法。

6.2.1 基于经验的文本摘要

我们写标题和文章时需要遵循一定规则，比如：段首为本段中心思想。为了进行文本摘要的提取，最简单的方法是利用规则进行摘要提取。

1. 基于 Lead-3 的文本摘要

一般来说，作者常常会在标题和文章的开始表明主题，因此最简单的方法就是抽取文章的前几句作为摘要。Lead-3 方法就是抽取文章的前三句作为文章的摘要。该方法虽然简单直接，但非常有效。其关键代码如下：

```
# 引入切分句子的代码
from nlg_yongzhuo.data_preprocess.text_preprocess import cut_sentence
class Lead3Sum:
    def __init__(self):
        self.algorithm = 'lead_3'

    def summarize(self, text, type='mix', num=3):
        """
        基于 Lead-3 摘要提取
        """
        sentences = cut_sentence(text)
        if len(sentences) < num:
            return sentences
        # 最小句子数
        num_min = min(num, len(sentences))
        if type=='begin':
            summers = sentences[0:num]
        elif type=='end':
            summers = sentences[-num:]
        else:
            summers = [sentences[0]] + [sentences[-1]] + sentences[1:num-1]
        summers_s = {}
        for i in range(len(summers)): # 得分计算
            if len(summers) - i == 1:
```

```
                summers_s[summers[i]] = (num - 0.75) / (num + 1)
            else:
                summers_s[summers[i]] = (num - i - 0.5) / (num + 1)
        score_sen = [(rc[1], rc[0]) for rc in sorted(summers_s.items(),
            key=lambda d: d[1], reverse=True)][0:num_min]
        return score_sen

if __name__ == '__main__':
    doc = "是上世纪 90 年代末提出的一种计算网页权重的算法。" \
          "当时，互联网技术突飞猛进，各种网页网站爆炸式增长，" \
          "业界急需一种相对比较准确的网页重要性计算方法，" \
          "是人们能够从海量互联网世界中找出自己需要的信息。" \
          "百度百科如是介绍他的思想:PageRank 通过网络浩瀚的超链接关系来确定一个页面的等级。" \
          "Google 把从 A 页面到 B 页面的链接解释为 A 页面给 B 页面投票，" \
          "Google 根据投票来源甚至来源的来源，即链接到 A 页面的页面" \
          "和投票目标的等级来决定新的等级。简单地说，" \
          "一个高等级的页面可以使其他低等级页面的等级提升。" \
          "PageRank The PageRank Citation Ranking: Bringing Order to the Web, "\
          "具体说来就是，PageRank 有两个基本思想，也可以说是假设，" \
          "即数量假设：一个网页被越多的其他页面链接，就越重)；" \
          "质量假设：一个网页越是被高质量的网页链接，就越重要。" \
          "总的来说就是一句话，从全局角度考虑，获取重要的信息。"
    doc = doc.encode('utf-8').decode('utf-8')
    l3 = Lead3Sum()
    for score_sen in l3.summarize(doc, type='mix', num=3):
        print(score_sen)
```

2. 基于关键词的文本摘要

该方法的核心思想很简单，即拥有关键词（keyword）最多的句子就是最重要的句子，只需将句子按照关键词数量进行排序，取前 n 句，就可以得到摘要。其关键代码如下：

```
# coding:utf-8
from textrank4zh import TextRank4Keyword, TextRank4Sentence
import pandas as pd
import matplotlib.pyplot as plt
import matplotlib as mpl

if __name__ == '__main__':
    text = "自然语言理解(NLU, Natural Language Understanding)：使计算机理解自然语
        言(人类语言文字)等，重在理解。具体来说，就是理解语言、文本等，提取出有用的信息，用
        于下游的任务。它可以是使自然语言结构化，比如分词、词性标注、句法分析等；也可以是表征
        学习，字、词、句子的向量表示(Embedding)，构建文本表示的文本分类；还可以是信息提取，
```

```
    如信息检索（包括个性化搜索和语义搜索，文本匹配等），又如信息抽取（命名实体提取、关系抽
    取、事件抽取等）。"
# 抽取关键词
tr4w = TextRank4Keyword()
tr4w.analyze(text=text, lower=True, window=5)
print('关键词：')
for item in tr4w.get_keywords(10, word_min_len=1):
    print(item['word'], item['weight'])

# 抽取关键句
tr4s = TextRank4Sentence()
tr4s.analyze(text=text, lower=True, source = 'no_stop_words')
data = pd.DataFrame(data=tr4s.key_sentences)
mpl.rcParams['font.sans-serif'] = ['SimHei']
mpl.rcParams['axes.unicode_minus'] = False
plt.figure(facecolor='w')
plt.plot(data['weight'], 'ro-', lw=2, ms=5, alpha=0.7, mec='#404040')
plt.grid(b=True, ls=':', color='#606060')
plt.xlabel('句子', fontsize=12)
plt.ylabel('重要度', fontsize=12)
plt.title('句子的重要度曲线', fontsize=15)
plt.show()

key_sentences = tr4s.get_key_sentences(num=10, sentence_min_len=2)
for sentence in key_sentences:
    print(sentence['weight'], sentence['sentence'])
```

6.2.2　基于主题模型的文本摘要

自然语言处理最重要的任务之一是如何使计算机理解文本，因此出现了一些基于主题模型，如非负矩阵分解（Nonnegative Matrix Factorization，NMF）、潜在语义分析（Latent Semantic Index，LSI）、隐含狄利克雷分布（Latent Dirichlet Allocation，LDA）模型等挖掘词句隐含信息的方法。

1. 基于非负矩阵分解的文本摘要

非负矩阵分解的基本思想是：对任意给定的非负矩阵 $\boldsymbol{V}$，能够得到一个非负矩阵 $\boldsymbol{W}$ 和一个非负矩阵 $\boldsymbol{H}$，满足条件 $\boldsymbol{V}=\boldsymbol{M}\times\boldsymbol{F}$，从而将一个非负矩阵分解为左右两个非负矩阵的乘积，可以理解为矩阵 $\boldsymbol{V}$ 的列向量是 $\boldsymbol{H}$ 中所有列向量的加权和，对应的权重系数是 $\boldsymbol{W}$

的列向量元素。因此，矩阵 ***H*** 称为系数矩阵或权重矩阵，矩阵 ***W*** 称为基矩阵，矩阵 ***V*** 的每一列表示一个观测，每一行表示一个特征。

对于文本摘要任务来说，非负矩阵分解得到的系数矩阵 ***H*** 表示的是主题和句子之间的关系，对于最终的摘要，实际上有两种方案，第一种是提取最大主题的 k 个句子作为摘要，第二种是不区分主题，提取最大主题概率的 k 个句子作为摘要。其关键代码如下：

```
from nlg_yongzhuo.data_preprocess.text_preprocess
import jieba_cut,cut_sentence, extract_chinese
from nlg_yongzhuo.data.stop_words.stop_words import stop_words
from sklearn.feature_extraction.text import TfidfVectorizer
from sklearn.decomposition import NMF
import numpy as np

def tfidf_fit(sentences):
    """
    TF-IDF 计算
    """
    model = TfidfVectorizer(ngram_range=(1, 2),
                            stop_words=[' ', '\t', '\n'],
                            max_features=10000,
                            token_pattern=r"(?u)\b\w+\b",
                            min_df=1,
                            max_df=0.9,
                            use_idf=1,
                            smooth_idf=1,
                            sublinear_tf=1)
    matrix = model.fit_transform(sentences)
    return matrix

class NMFSum:
    def __init__(self):
        self.stop_words = stop_words.values()
        self.algorithm = 'lsi'

    def summarize(self, text, num=8, topic_min=3, judge_topic="all"):
        """
        基于非负监督矩阵分解的文本摘要
        """
        # 切句
        if type(text) == str:
            self.sentences = cut_sentence(text)
```

```
elif type(text) == list:
    self.sentences = text
else:
    raise RuntimeError("text type must be list or str")
# 切词
sentences_cut = [[word for word in jieba_cut(extract_chinese(sentence))
                  if word.strip()] for sentence in self.sentences]
len_sentences_cut = len(sentences_cut)
# 去除停用词等
self.sentences_cut = [list(filter(lambda x: x not in self.stop_words,
    sc)) for sc in sentences_cut]
self.sentences_cut = [" ".join(sc) for sc in self.sentences_cut]
# 计算每个句子的 TF-IDF
sen_tfidf = tfidf_fit(self.sentences_cut)
# 主题数 , 经验判断
topic_num = min(topic_min, int(len(sentences_cut) / 2))  # 设定最小主题数为 3
nmf_tfidf = NMF(n_components=topic_num, max_iter=320)
res_nmf_w = nmf_tfidf.fit_transform(sen_tfidf.T) # 基矩阵或者权重矩阵
res_nmf_h = nmf_tfidf.components_                # 系数矩阵或者降维矩阵
if judge_topic:
    # 方案一，获取最大那个主题的 k 个句子
    topic_t_score = np.sum(res_nmf_h, axis=-1)
    # 对每列（一个句子 topic_num 个主题），得分进行排序，0 为最大
    res_nmf_h_soft = res_nmf_h.argsort(axis=0)[-topic_num:][::-1]
    # 统计为最大每个主题的句子个数
    exist = (res_nmf_h_soft <= 0) * 1.0
    factor = np.ones(res_nmf_h_soft.shape[1])
    topic_t_count = np.dot(exist, factor)
    # 标准化
    topic_t_count /= np.sum(topic_t_count, axis=-1)
    topic_t_score /= np.sum(topic_t_score, axis=-1)
    # 主题最大个数占比，选择与主题总得分占比最大的主题
    topic_t_tc = topic_t_count + topic_t_score
    topic_t_tc_argmax = np.argmax(topic_t_tc)
    res_nmf_h_soft_argmax = res_nmf_h[topic_t_tc_argmax].tolist()
    res_combine = {}
    for l in range(len_sentences_cut):
        res_combine[self.sentences[l]] = res_nmf_h_soft_argmax[l]
    score_sen = [(rc[1], rc[0]) for rc in sorted(res_combine.items(), key=
        lambda d: d[1], reverse=True)]
else:
    # 方案二，获取最大主题概率的句子，不分主题
    res_combine = {}
    for i in range(len_sentences_cut):
```

```
                res_row_i = res_nmf_h[:, i]
                res_row_i_argmax = np.argmax(res_row_i)
                res_combine[self.sentences[i]] = res_row_i[res_row_i_argmax]
            score_sen = [(rc[1], rc[0]) for rc in sorted(res_combine.items(),
                key=lambda d: d[1], reverse=True)]
        num_min = min(num, len(self.sentences))
        return score_sen[0:num_min]
if __name__ == '__main__':
    nmf = NMFSum()
    doc = "多知网5月26日消息，今日，方直科技发公告，拟用自有资金人民币1.2亿元，" \
          "与深圳嘉道谷投资管理有限公司、深圳嘉道功程股权投资基金（有限合伙）共同发起设立嘉
            道方直教育产业投资基金（暂定名）。" \
          "该基金认缴出资总规模为人民币3.01亿元。" \
          "基金的出资方式具体如下：出资进度方面，基金合伙人的出资应于基金成立之日起四年内分
            四期缴足，每期缴付7525万元；" \
          "各基金合伙人每期按其出资比例缴付。合伙期限为11年，投资目标为教育领域初创期或成
            长期企业。" \
          "截止公告披露日，深圳嘉道谷投资管理有限公司股权结构如下：截止公告披露日，深圳嘉道
            功程股权投资基金产权结构如下：" \
          "公告还披露，方直科技将探索在中小学教育、在线教育、非学历教育、学前教育、留学咨询
            等教育行业其他分支领域的投资。" \
          "方直科技2016年营业收入9691万元，营业利润1432万元，归属于普通股股东的净利润
            1847万元。（多知网 黎珊）}}"

    summarize_list = nmf.summarize(doc, num=6)
    for i in summarize_list :
        print(i)
```

2. 基于潜在语义分析的文本摘要

潜在语义分析（LSI）本质是奇异值分解（Singular Value Decomposition，SVD），它的核心思想是将词和文章映射到矢量语义空间，通过降维去除部分噪声，在低维度空间中提取文档中词的概念，具体处理流程如下：

1）分析文档集并建立词汇－文本矩阵；

2）对词汇－文本矩阵进行奇异值分解；

3）对分解后的矩阵进行降维；

4）使用降维后的矩阵构建潜在语义空间。

其关键代码如下：

```
class LSISum:
    def __init__(self):
        self.stop_words = stop_words.values()
        self.algorithm = 'lsi'
    def summarize(self, text, num=8, topic_min=5, judge_topic='all'):
        """
        基于潜在语义分析的文本摘要
        """
        # 切句
        if type(text) == str:
            self.sentences = cut_sentence(text)
        elif type(text) == list:
            self.sentences = text
        else:
            raise RuntimeError("text type must be list or str")
        len_sentences_cut = len(self.sentences)
        # 切词
        sentences_cut = [[word for word in jieba_cut(extract_chinese(sentence))
                          if word.strip()] for sentence in self.sentences]
        # 去除停用词等
        self.sentences_cut = [list(filter(lambda x: x not in self.stop_words,
            sc)) for sc in sentences_cut]
        self.sentences_cut = [" ".join(sc) for sc in self.sentences_cut]
        # 计算每个句子的 TF-IDF 值
        sen_tfidf = tfidf_fit(self.sentences_cut)
        # 主题数, 经验判断
        topic_num = min(topic_min, int(len(sentences_cut)/2))  # 设定最小主题数为 3
        svd_tfidf = TruncatedSVD(n_components=topic_num, n_iter=32)
        res_svd_u = svd_tfidf.fit_transform(sen_tfidf.T)
        res_svd_v = svd_tfidf.components_

        if judge_topic:
            # 方案一, 获取最大主题的 k 个句子
            topic_t_score = np.sum(res_svd_v, axis=-1)
            # 对每列（一个句子 topic_num 个主题）得分进行排序, 0 为最大
            res_nmf_h_soft = res_svd_v.argsort(axis=0)[-topic_num:][::-1]
            # 统计最大主题的句子个数
            exist = (res_nmf_h_soft <= 0) * 1.0
            factor = np.ones(res_nmf_h_soft.shape[1])
            topic_t_count = np.dot(exist, factor)
            # 标准化
            topic_t_count /= np.sum(topic_t_count, axis=-1)
            topic_t_score /= np.sum(topic_t_score, axis=-1)
            # 最大主题个数占比, 选择与主题总得分占比最大的主题
```

```
            topic_t_tc = topic_t_count + topic_t_score
            topic_t_tc_argmax = np.argmax(topic_t_tc)
            # 最后得分，选择得分最大的主题
            res_nmf_h_soft_argmax = res_svd_v[topic_t_tc_argmax].tolist()
            res_combine = {}
            for l in range(len_sentences_cut):
                res_combine[self.sentences[l]] = res_nmf_h_soft_argmax[l]
            score_sen = [(rc[1], rc[0]) for rc in sorted(res_combine.items(),
                key=lambda d: d[1], reverse=True)]
        else:
            # 方案二，获取最大主题概率的句子，不分主题
            res_combine = {}
            for i in range(len_sentences_cut):
                res_row_i = res_svd_v[:, i]
                res_row_i_argmax = np.argmax(res_row_i)
                res_combine[self.sentences[i]] = res_row_i[res_row_i_argmax]
            score_sen = [(rc[1], rc[0]) for rc in sorted(res_combine.items(),
                key=lambda d: d[1], reverse=True)]
        num_min = min(num, len(self.sentences))
        return score_sen[0:num_min]
```

3. 基于隐含狄利克雷分布的文本摘要

隐含狄利克雷分布（LDA）模型的主要思想是通过对文字建模发现隐含的主题。其关键代码如下：

```
from sklearn.feature_extraction.text import CountVectorizer
from sklearn.decomposition import LatentDirichletAllocation
import numpy as np

class LDASum:
    def __init__(self):
        self.stop_words = stop_words.values()
        self.algorithm = 'lda'

    def summarize(self, text, num=8, topic_min=6, judge_topic=None):
        """
        基于隐含狄利克雷分布的文本摘要
        """
        # 切句
        if type(text) == str:
            self.sentences = cut_sentence(text)
        elif type(text) == list:
```

```
        self.sentences = text
    else:
        raise RuntimeError("text type must be list or str")
    len_sentences_cut = len(self.sentences)
    # 切词
    sentences_cut = [[word for word in jieba_cut(extract_chinese(sentence))
                        if word.strip()] for sentence in self.sentences]
    # 去除停用词等
    self.sentences_cut = [list(filter(lambda x: x not in self.stop_words,
        sc)) for sc in sentences_cut]
    self.sentences_cut = [" ".join(sc) for sc in self.sentences_cut]
    # 计算每个句子的 TF 值
    vector_c = CountVectorizer(ngram_range=(1, 2), stop_words=self.stop_
        words)
    tf_ngram = vector_c.fit_transform(self.sentences_cut)
    # 主题数，经验判断
    topic_num = min(topic_min, int(len(sentences_cut) / 2))  # 设定最小主题数为 3
    lda = LatentDirichletAllocation(n_components=topic_num, max_iter=32,
                                    learning_method='online',
                                    learning_offset=50.,
                                    random_state=2019)
    res_lda_u = lda.fit_transform(tf_ngram.T)
    res_lda_v = lda.components_

    if judge_topic:
        # 方案一，获取最大主题的 k 个句子
        topic_t_score = np.sum(res_lda_v, axis=-1)
        # 对每列（一个句子 topic_num 个主题）得分进行排序，0 为最大
        res_nmf_h_soft = res_lda_v.argsort(axis=0)[-topic_num:][::-1]
        # 统计最大主题的句子个数
        exist = (res_nmf_h_soft <= 0) * 1.0
        factor = np.ones(res_nmf_h_soft.shape[1])
        topic_t_count = np.dot(exist, factor)
        # 标准化
        topic_t_count /= np.sum(topic_t_count, axis=-1)
        topic_t_score /= np.sum(topic_t_score, axis=-1)
        # 最大主题个数占比，选择与主题总得分占比最大的主题
        topic_t_tc = topic_t_count + topic_t_score
        topic_t_tc_argmax = np.argmax(topic_t_tc)
        # 最后得分，选择得分最大的主题
        res_nmf_h_soft_argmax = res_lda_v[topic_t_tc_argmax].tolist()
        res_combine = {}
        for l in range(len_sentences_cut):
            res_combine[self.sentences[l]] = res_nmf_h_soft_argmax[l]
```

```
        score_sen = [(rc[1], rc[0]) for rc in sorted(res_combine.items(),
            key=lambda d: d[1], reverse=True)]
    else:
        # 方案二，获取最大主题概率的句子，不分主题
        res_combine = {}
        for i in range(len_sentences_cut):
            res_row_i = res_lda_v[:, i]
            res_row_i_argmax = np.argmax(res_row_i)
            res_combine[self.sentences[i]] = res_row_i[res_row_i_argmax]
        score_sen = [(rc[1], rc[0]) for rc in sorted(res_combine.items(),
            key=lambda d: d[1], reverse=True)]
    num_min = min(num, len(self.sentences))
    return score_sen[0:num_min]
```

在实际应用场景中，基于主题模型的文本摘要提取方法的提取效果往往会依赖训练数据的质量的好坏或训练数据所在的领域等，并不适合所有场景。

6.2.3 基于图的文本摘要

基于图的文本摘要主要是通过全局信息确定文本单元，将文本单元看作图的顶点，相似的点用边连接，利用图排序算法 TextRank 等方法对包含文本自身结构信息的词句进行排序。下面以 TextRank 算法为例，详细介绍基于 TextRank 算法的文本摘要实现流程。

TextRank 算法的思想借鉴于网页排序算法——PageRank，是一种基于图的排序算法。如图 6-4 所示，将文本分割为若干个组成单元（句子），即将句子作为节点，构建节点连接图，将句子之间的相似度作为边的权重，使用边上的权值迭代更新节点值，最后选取 N 个得分最高的句子组成文本摘要。具体分析如下：

1）把所有文章分割成完整的单句，并整合到一起；

2）计算所有句子的向量表示；

3）计算所有句子的相似度并存放在矩阵中，作为转移概率矩阵；

4）将转移概率矩阵转换为以句子为节点，以相似度得分为边的图结构，用于计算句子的 TextRank 值；

5）按 TextRank 值对句子进行排序，取前 k 个句子作为摘要。

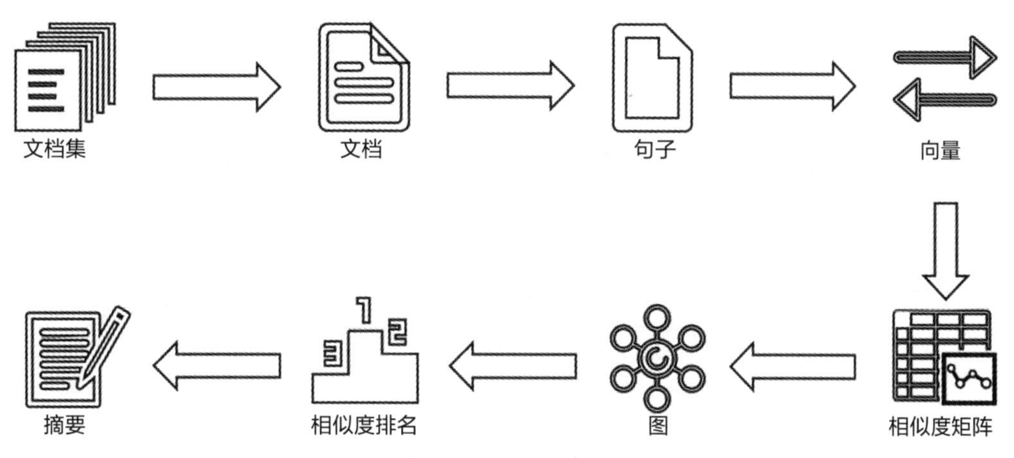

图 6-4　TextRank 流程

TextRank 算法以顶点表示句子，以边表示句子之间的相似关系。最常用的相似关系度量方法是度量两个句子间 TF-IDF 的余弦相似度，如果超过某个阈值，便把两个句子连接起来，这里用窗口滑动的方式建立句子间的局部关系。

给定如下语料：

```
虽然至今夏普智能手机在市场上无法排得上号，已经完全没落，并于 2013 年退出中国市场，但是今年3月份官方突然宣布回归中国，预示着很快就有夏普新机在中国登场了。那么，第一款夏普手机什么时候登陆中国呢？又会是怎么样的手机呢？近日，一款型号为 FS8016 的夏普神秘新机悄然出现在 GeekBench 的跑分库上。从其中相关信息了解到，这款机子并非旗舰定位，所搭载的是高通骁龙 660 处理器，配备有 4GB 的内存。骁龙 660 是高通今年最受瞩目的芯片之一，采用 14 纳米工艺，八个 Kryo 260 核心设计，集成 Adreno 512 GPU 和 X12 LTE 调制解调器。当前市面上只有一款机子采用了骁龙 660 处理器，那就是已经上市销售的 OPPO R11。骁龙 660 尽管并非旗舰芯片，但在多核新能上比去年骁龙 820 强，单核改进也很明显，所以放在今年仍可以让很多手机变成高端机。不过，由于 OPPO 与高通签署了排他性协议，可以独占两三个月时间。考虑到夏普既然开始测试新机了，说明只要等独占时期一过，夏普就能发布骁龙 660 新品了。按照之前被曝光的渲染图了解，夏普的新机核心竞争优势还是全面屏，因为从 2013 年推出全球首款全面屏手机 EDGEST 302SH 至今，夏普手机推出了多达 28 款的全面屏手机。在 5 月份的媒体沟通会上，惠普罗忠生表示：“我敢打赌，12 个月之后，在座的各位手机都会换掉。因为全面屏时代的到来，我们怀揣的手机都将成为传统手机。”
```

第一步，根据标点将文档划分成句子，关键代码如下：

```
import re
import networkx
```

```
def split_sentences(text, p='[。.,，?：]', filter_p='\s+'):
    """
    文档拆分成句子
    """
    f_p = re.compile(filter_p)
    text = re.sub(f_p, '', text)
    pattern = re.compile(p)
    split = re.split(pattern, text)
    return split
```

第二步，构建图，关键代码如下：

```
def get_sen_graph(text,window=3):
    """
    构建图
    """
    split_sen = split_sentences(text)
    sentences_graph = networkx.graph.Graph()
    for i,sen in enumerate(split_sen):
        sentences_graph.add_edges_from([(sen,split_sen[ii])
        for j in range(i-window,i+window+1)
            if j >= 0 and j < len(split_sen)])
    return sentences_graph
```

第三步，计算图中每个节点的page rank并排序，关键代码如下：

```
def text_rank(text):
    """
    计算图中每个节点的page rank
    """
    sentences_graph = get_sen_graph(text)
    ranking_sentences = networkx.pagerank(sentences_graph)
    ranking_sentences_sorted = sorted(ranking_sentences.items(), key=lambda
        x:x[1], reverse=True)
    return ranking_sentences_sorted
```

第四步，得到摘要：

```
def get_summarization_by_text_rank(text,score_fn=text_rank,sum_len=200):
    """
```

```
    获得 TextRank 的文本摘要
    """
    sub_sentences = split_sentences(text)
    ranking_sentences = score_fn(text)
    selected_sen = set()
    current_sen = ''
    for sen, _ in ranking_sentences:
        if len(current_sen)<sum_len:
            current_sen += sen
            selected_sen.add(sen)
        else:
            break
        summarized = []
        for sen in sub_sentences:
            if sen in selected_sen:
                summarized.append(sen)
    return summarized
print(' '.join(get_summarization_by_text_rank(text)))
```

基于 TextRank 算法得到的文本摘要为：

```
但是今年 3 月份官方突然宣布回归中国 预示着很快就有夏普新机在中国登场了 那么 第一款夏普手机什么时候登陆中国呢 又会是怎么样的手机呢 近日 一款型号为 FS8016 的夏普神秘新机悄然出现在 GeekBench 的跑分库上 从其中相关信息了解到 因为从 2013 年推出全球首款全面屏手机 EDGEST302SH 至今 夏普手机推出了多达 28 款的全面屏手机 在 5 月份的媒体沟通会上 惠普罗忠生表示“我敢打赌 12 个月之后 在座的各位手机都会换掉
```

这样就初步实现了一个基于图的简单文本摘要，但是这种实现方法的效果马马虎虎，是否有更好的图构建方式呢？这里，如何界定一个句子“周围”的句子显得至关重要。除了 TF–IDF 之外，潜在语义分析是否是一个不错的表征方法呢？ Word2vec 和 Doc2vec 也许值得一试，这里就不做过多展示了。

6.2.4 基于特征评分的文本摘要

文本摘要提取初期，大多数研究者都是直接分析源文档中的特征来提取摘要，抽取的特征包括词频、首句与标题的相似度、句子长度、句子中心性等，如表 6-2 所示，通过对这些特征进行评分来判断文本单元是否为摘要。

表 6-2 相关特征表

评分对象	特征名称
单词级别	词频
	逆文档频率
	词频－逆文档频率
	大小写
	专有名词
	词共现
句子级别	提示短语
	动名词短语
	命名实体
	句子长度
	句子位置
	中心性
	与标题相似性

这里我们以词频特征作为摘要的统计特征进行文本摘要的提取，其关键代码为：

```
from nlg_yongzhuo.data_preprocess.text_preprocess import extract_chinese,cut_
    sentence
from nlg_yongzhuo.data_preprocess.text_preprocess import jieba_cut
from nlg_yongzhuo.data.stop_words.stop_words import stop_words
from collections import Counter

class WordSignificanceSum:
    def __init__(self):
        self.algorithm = 'word_significance'
        self.stop_words = stop_words.values()
        self.num = 0

    def summarize(self, text, num=6):
        """
        根据词语意义确定中心句
        """
        # 切句
        if type(text) == str:
            self.sentences = cut_sentence(text)
        elif type(text) == list:
            self.sentences = text
        else:
            raise RuntimeError("text type must be list or str")
```

```
        # 切词
        sentences_cut = [[word for word in jieba_cut(extract_chinese(sentence))
                         if word.strip()] for sentence in self.sentences]
        # 去除停用词等
        self.sentences_cut = [list(filter(lambda x: x not in self.stop_words,
            sc)) for sc in sentences_cut]
        # 词频统计
        self.words = []
        for sen in self.sentences_cut:
            self.words = self.words + sen
        self.word_count = dict(Counter(self.words))
        self.word_count_rank = sorted(self.word_count.items(), key=lambda f:
            f[1], reverse=True)
        # 最小句子数
        num_min = min(num, len(self.sentences))
        # 按照词频对词语进行排序
        self.word_rank = [wcr[0] for wcr in self.word_count_rank][0:num_min]
        res_sentence = []
        # 抽取句子，如果词频高的词语在句子里，则抽取
        for word in self.word_rank:
            for i in range(0, len(self.sentences)):
                # 当返回关键句子到达一定量，则结束抽取并返回
                if len(res_sentence) < num_min:
                    added = False
                    for sent in res_sentence:
                        if sent == self.sentences[i]: added = True
                    if (added == False and word in self.sentences[i]):
                        res_sentence.append(self.sentences[i])
                        break
        # 计算各得分
        res_sentence = [(1-1/(len(self.sentences)+1), rs) for rs in res_
            sentence]
        return res_sentence

if __name__ == "__main__":
    doc = "多知网. "\
          "多知网5月26日消息，今日，方直科技发公告，拟用自有资金人民币1.2亿元，" \
          "与深圳嘉道谷投资管理有限公司、深圳嘉道功程股权投资基金（有限合伙）共同发起设立嘉
           道方直教育产业投资基金（暂定名）。" \
          "该基金认缴出资总规模为人民币3.01亿元。" \
          "基金的出资方式具体如下：出资进度方面，基金合伙人的出资应于基金成立之日起四年内分
           四期缴足，每期缴付7525万元；" \
          "各基金合伙人每期按其出资比例缴付。合伙期限为11年，投资目标为教育领域初创期或成
           长期企业。" \
```

```
        "截止公告披露日，深圳嘉道谷投资管理有限公司股权结构如下：截止公告披露日，深圳嘉道
            功程股权投资基金产权结构如下：" \
        "公告还披露，方直科技将探索在中小学教育、在线教育、非学历教育、学前教育、留学咨询
            等教育行业其他分支领域的投资。" \
        "方直科技 2016 年营业收入 9691 万元，营业利润 1432 万元，归属于普通股股东的净利润
            1847 万元。（多知网 黎珊）}}"
    ws = WordSignificanceSum()
    res = ws.summarize(doc, num=100)
    for r in res:
        print(r)
```

基于特征评分的文本摘要方法非常简单，速度也快，但效果容易受异常数据的影响，且存在内容不全面、语句冗余、不连贯等问题。

6.2.5 基于聚类的文本摘要

基于聚类的文本摘要是指将文章中的句子视为一个点，按照聚类的方法完成摘要。具体来说，首先将句子转化为向量表示，再使用 K-Means 聚类和 Mean-Shift 聚类进行句子聚类，得到 K 个类别，最后从每个类别中选择距离质心最近的句子，得到 K 个句子，作为最终摘要。

这里详细介绍基于 K-Means 的文本摘要生成实现，其关键代码如下。这里给定英文邮件语料：

```
Hi Jane,

Thank you for keeping me updated on this issue. I'm happy to hear that the
    issue got resolved after all and you can now use the app in its full
    functionality again.
Also many thanks for your suggestions. We hope to improve this feature in the
    future.
In case you experience any further problems with the app, please don't hesitate
    to contact me again.
Best regards,
John Doe
Customer Support
1600 Amphitheatre Parkway
Mountain View, CA
United States
```

第一步，数据清洗。对于该语料来说，邮件起始的问候和末尾的署名信息对文本摘要是毫无作用的，因此我们需要去除这些无关因素，这里直接调用 Mailgun Talon GitHub 库[㊀]中的清洗函数，关键代码如下：

```
from talon.signature.bruteforce import extract_signature
cleaned_email, _ = extract_signature(email)
```

清洗后的数据为：

```
Thank you for keeping me updated on this issue. I'm happy to hear that the issue
got resolved after all and you can now use the app in its full functionality
again. Also many thanks for your suggestions. We hope to improve this feature in
the future. In case you experience any further problems with the app, please
don't hesitate to contact me again.
```

第二步，语言检测。对于不同的语言，处理方式会有所不同，所以需要对邮件的语言类型进行检测，得益于 Python 强大的第三方库，语言检测可以借助 polyglot、langdetect、textblob 等工具实现，这里借助 langdetect 实现，关键代码为：

```
from langdetect import detect
lang = detect(cleaned_email) # lang = 'en' for an English email
```

第三步，句子分割。检测出邮件语言后，可以针对该语言对邮件全文进行句子分割。以英文为例，借助 NLTK 包中的 sen_tokenize() 方法，关键代码为：

```
from nltk.tokenize import sent_tokenize
sentences = sent_tokenize(email, language = lang)
```

第四步，文本编码。这里使用 GloVe 的预训练对文本进行编码，首先需要下载词向量，下载链接为 https://nlp.stanford.edu/data/glove.6B.zip。提取词向量的关键代码为：

```
word_embeddings={}
f = open('glove.68.100d.txt', Encoding='utf-8')
for line in f:
```

㊀ https://github.com/mailgun/talon/blob/master/talon/signature。

```
            values=line.split()
            word = values[0]
            coefs = np.asarray(values[1:], dtype='float32')
            word_embeddings[word] = coefs
    f.close()

    sentence_vectors = []
    for i in sentences:
        if len(i) !=0:
        v = sum([word_embeddings.get(w, np.zeros((100,))) for w in i.split()])/
           (len(i.split())+0.001)
         else:
            v = np.zeros((100, ))
         sentence_vectors.append(v)
```

第五步，K-Means 聚类。得到文本的向量表示后，需要将这些句子的编码向量在高维空间中进行聚类，聚类的数量为摘要任务所需要的句子数量，关键代码为：

```
import numpy as np
from sklearn.cluster import KMeans

n_clusters = np.ceil(len(sentence_vectors)**0.5)
kmeans = KMeans(n_clusters=n_clusters)
kmeans = kmeans.fit(sentence_vectors)
```

第六步，得到摘要。聚类之后的每一个簇群都可以认为是一组语义相似的句子集合，而我们只需要从中选择一句。那如何选择这个句子呢？一般会考虑距离聚类中心最近的句子。之后对每个簇群相对应的候选句子排序，形成最终的文本摘要。摘要中候选句子的顺序由原始电子邮件中句子在相应簇中的位置确定。如果位于其集群中的大多数句子出现在电子邮件的开头，则将候选句子作为摘要中的第一句。关键代码如下：

```
from sklearn.metrics import pairwise_distances_argmin_min

avg = []
for j in range(n_clusters):
    idx = np.where(kmeans.labels_ == j)[0]
    avg.append(np.mean(idx))
closest, _ = pairwise_distances_argmin_min(kmeans.cluster_centers_, encoded)
ordering = sorted(range(n_clusters), key=lambda k: avg[k])
summary = ' '.join([email[closest[idx]] for idx in ordering])
```

经过上述几个步骤，得到最终摘要：

```
I'm happy to hear that the issue got resolved after all and you can now
use the app in its full functionality again. Also many thanks for your
suggestions. In case you experience any further problems with the app, please
don't hesitate to contact me again.
```

基于聚类的文本摘要方法根据每个句子的特征对句子进行聚类，然后从每个聚类中选出摘要句。该方法的思想非常简单，认为一篇文章的主题分布可以对句子进行大致分类，从每个聚类结果中选取出一个句子就能得到文档的摘要。

基于聚类的文本摘要方法的缺点是对初始聚类中心的选取比较敏感，往往得不到全局最优解；聚类算法需要预先设定 K 值，限制了聚类结果中话题的个数；易受到异常点的干扰。

6.3　基于有监督的抽取式文本摘要

与基于无监督的抽取式文本摘要不同，基于有监督的抽取式文本摘要将训练数据的标签参与模型的训练过程。这里我们详细介绍几种基于有监督的抽取式文本摘要方法。

随着机器学习和深度学习技术的发展，抽取式文本摘要的研究逐渐偏向于有监督学习方向。在基于有监督的文本摘要抽取方法中，文本摘要提取问题通常被看作二分类问题，通过神经网络来学习句子及标签之间的对应关系。

1. NeuralSum 实现文本摘要

传统的文本摘要提取方法严重依赖人为设计的特征，为了改善人工特征的不准确性，大多数工作开始借助深度学习方法进行特征提取。这里以 NeuralSum 为例，它使用卷积神经网络和循环神经网络来自动提取句子特征，为单文档摘要提取开发了一个通用框架，该框架由基于神经网络的分层文档阅读器和基于注意力的分层内容提取器组成，其完整项目代码可参考 https://github.com/kedz/nnsum。

1）文档阅读器。阅读器的作用是从文档的组成句子中获得文档的含义表示，NeuralSum 将文档中的句子看作单词序列，首先使用包含最大池化层（max-over-time pooling）的单层卷积神经网络获得子句级别的向量表示，之后由循环神经网络构建文档的向量表示，文档阅读器的结构如图 6-5 所示。

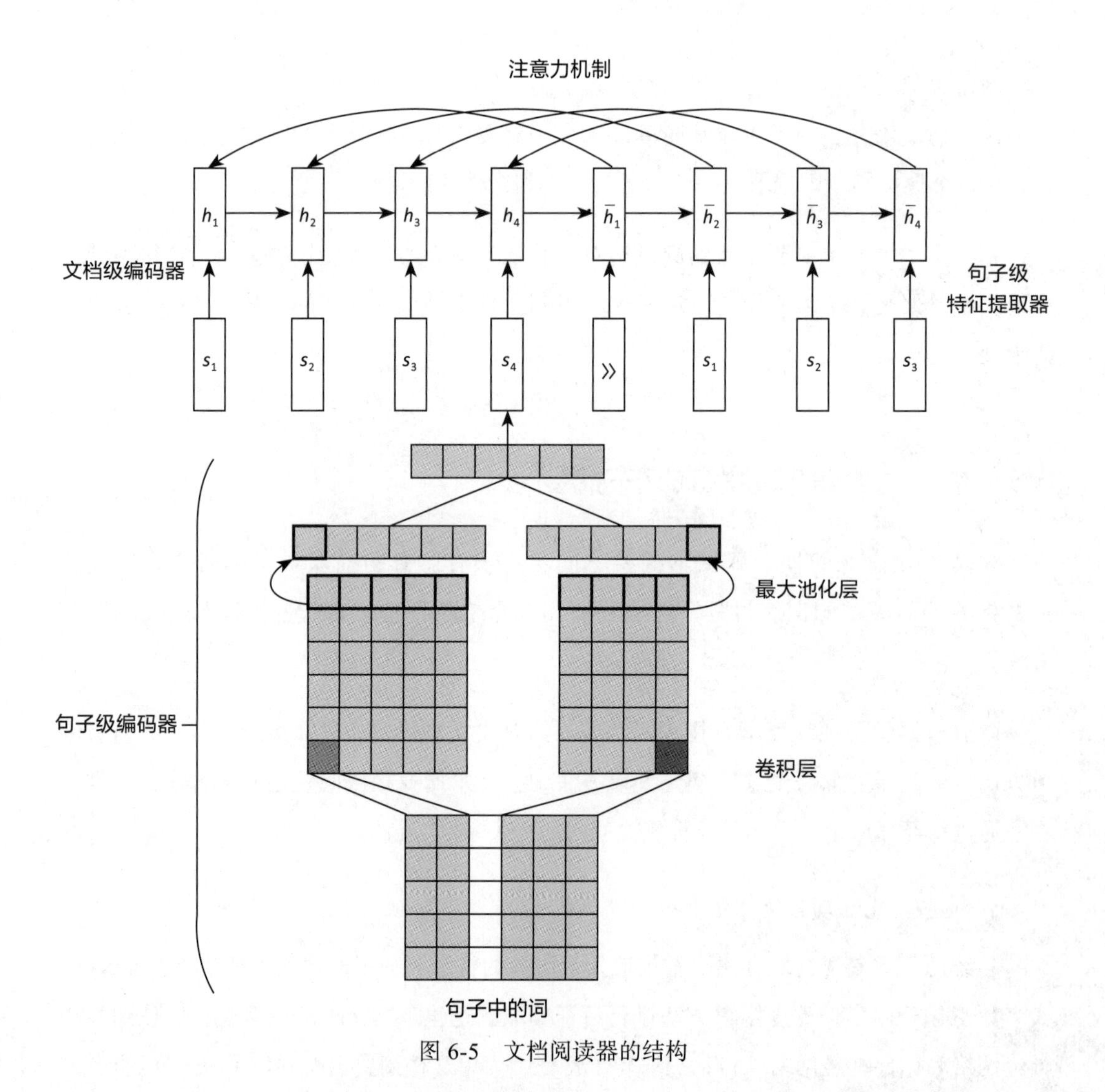

图 6-5　文档阅读器的结构

具体来说，d 表示 word embedding 的维度，$\boldsymbol{s}$ 表示由 n 个单词序列（$w_1, w_2, \cdots, w_n$）组成的句子，其中该单词序列由密集列矩阵 $\boldsymbol{W} \in R^{n \times d}$ 表示。在 $\boldsymbol{W}$ 和宽度为 c 的 K 上应用

时域卷积网络（TCN）得到：$f_j^i = \tanh(\boldsymbol{W}_{j:j+c-1}) \otimes K + b$，其中$f_j^i$表示第 i 个特征图f^i的第j个元素，b 为偏差，$\otimes$ 等同于哈达玛积后求所有元素的和。之后由 max-over-time pooling 得到第 i 个特征，该特征为宽度为 c 的 K 的句子 $s_{i,K} = \max f_j^i$。

循环文档编码器作用于文档级别，使用循环神经网络将一系列句子向量组合成文档向量。可以把循环神经网络的隐藏状态看成一个部分表示的列表，每个部分表示主要集中在与上下文中对应的输入句子上。这些表示共同构成了文档表示，它以最小的压缩量捕获到局部和全局的句子信息。为避免传统循环神经网络带来的梯度消失问题，NeuralSum 里的循环神经网络使用的是 LSTM 网络。

2）内容提取器。NeuralSum 设计的内容提取器分为句子提取器和单词提取器。句子提取器其实是一个编码 – 解码结构的 LSTM 网络，每个时间步的输入是句子级别的信息，之后判断句子是否符合条件。与句子提取器不同，单词提取器的解码器部分不再预测句子的标签，而是直接抽取单词。单词提取器的结构如图 6-6 所示。

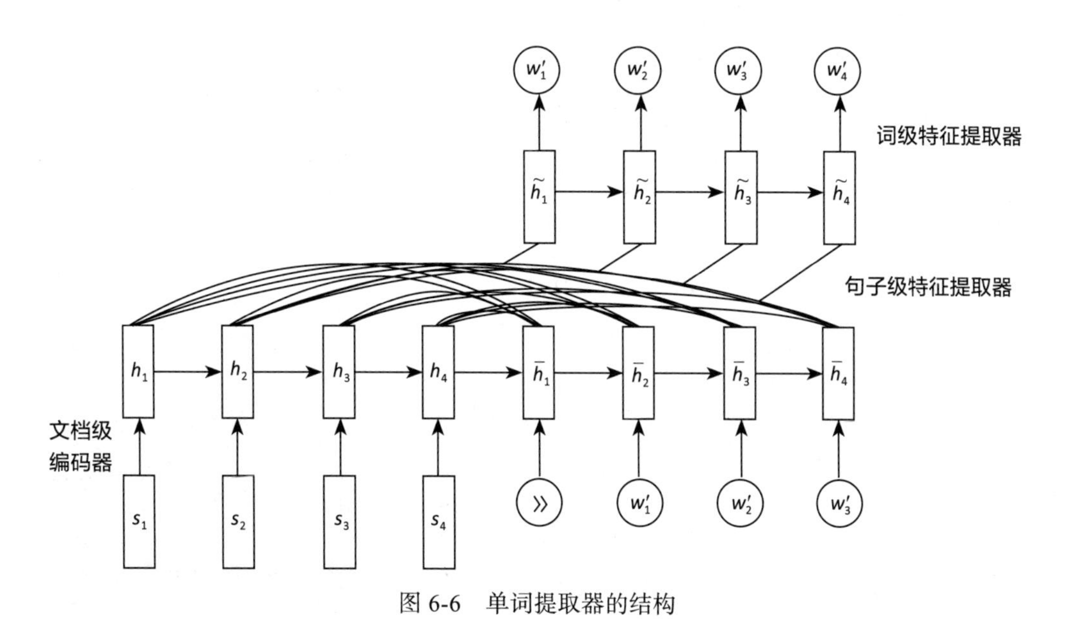

图 6-6　单词提取器的结构

```
import torch
import torch.nn as nn
import torch.nn.functional as F
```

```
from torch.autograd import Variable

class SummarizationModel(nn.Module):
    """
    NeuralSum 摘要提取模型架构
    """
    def __init__(self, embedding_layer, sentence_encoder, sentence_extractor):
        super(SummarizationModel, self).__init__()
        self.embeddings = embedding_layer
        self.sentence_encoder = sentence_encoder
        self.sentence_extractor = sentence_extractor

    def _prepare_input(self, inputs):
        batch_size = inputs.tokens.size(0)
        sent_size = inputs.num_sentences.data.max()
        word_size = inputs.sentence_lengths.data.max()

        tokens = inputs.tokens.data.new(batch_size, sent_size, word_size)
        tokens.fill_(0)
        for b in range(batch_size):
            start = 0
            for s in range(inputs.num_sentences.data[b]):
                length = inputs.sentence_lengths.data[b,s]
                stop = start + length
                tokens[b, s, :length].copy_(inputs.tokens.data[b,start:stop])
                start += length
        return tokens

    def _sort_sentences(self, og_input, og_wc):
        bs = og_input.size(0)
        ds = og_input.size(1)
        ss = og_input.size(2)
        og_input_flat = og_input.contiguous().view(bs * ds, ss)
        og_wc_flat = og_wc.contiguous().view(-1)
        srt_wc_flat, argsrt_wc_flat = torch.sort(og_wc_flat, descending=True)
        srt_input_flat = og_input_flat[argsrt_wc_flat]
        _, inv_order = torch.sort(argsrt_wc_flat)
        srt_wc = Variable(srt_wc_flat.data.masked_fill_(srt_wc_flat.data.eq(0), 1))
        srt_inp = Variable(srt_input_flat.data)
        inv_order = Variable(inv_order.data)
        return srt_inp, srt_wc, inv_order

    def _sort_and_encode(self, documents, document_lengths, sentence_lengths):
        batch_size, doc_size, sent_size = documents.size()
        documents_srt, sentence_lengths_srt, inv_order = self._sort_sentences(
```

```
            documents, sentence_lengths)
        token_embeddings_srt = self.embeddings(documents_srt)
        sentence_embeddings_srt = self.sentence_encoder(
            token_embeddings_srt, sentence_lengths_srt)
        sentence_embeddings = sentence_embeddings_srt[inv_order].view(
            batch_size, doc_size, -1)
        return sentence_embeddings

    def _encode(self, documents, document_lengths, sentence_lengths):

        token_embeddings = self.embeddings(documents)
        sentence_embeddings = self.sentence_encoder(
            token_embeddings, sentence_lengths)
        return sentence_embeddings

    def encode(self, input, mask=None):
        if self.sentence_encoder.needs_sorted_sentences:
            encoded_document = self._sort_and_encode(
                input.document, input.num_sentences, input.sentence_lengths)
        else:
            encoded_document = self._encode(
                input.document, input.num_sentences, input.sentence_lengths)
        if mask is not None:
            encoded_document.data.masked_fill_(mask.unsqueeze(2), 0)
        return encoded_document

    def forward(self, input, decoder_supervision=None, mask_logits=False,
                return_attention=False):
        if not self.embeddings.vocab.pad_index is None:
            mask = input.document[:,:,0].eq(self.embeddings.vocab.pad_index)
        else:
            mask = None
        encoded_document = self.encode(input, mask=mask)
        logits_and_attention = self.sentence_extractor(
            encoded_document,
            input.num_sentences,
            targets=decoder_supervision)
        if isinstance(logits_and_attention, (list, tuple)):
            logits, attention = logits_and_attention
        else:
            logits = logits_and_attention
            attention = None

        if mask_logits and mask is not None:
            logits.data.masked_fill_(mask, float("-inf"))
```

```
        if return_attention:
            return logits, attention
        else:
            return logits

    def predict(self, input, return_indices=False, max_length=100):
        logits = self.forward(input, mask_logits=True)
        batch_size = logits.size(0)
        _, indices = torch.sort(logits, 1, descending=True)
        all_pos = []
        all_text = []
        for b in range(batch_size):
            wc = 0
            text = []
            pos = []
            for i in indices.data[b]:
                if i >= input.num_sentences.data[b]:
                    break
                text.append(input.sentence_texts[b][i])
                pos.append(int(i))
                wc += input.pretty_sentence_lengths[b][i]

                if wc > max_length:
                    break
            all_pos.append(pos)
            all_text.append(text)

        if return_indices:
            return all_text, all_pos
        else:
            return all_text

    def initialize_parameters(self, logger=None):
        if logger:
            logger.info(" Model parameter initialization started.")
        for module in self.children():
            module.initialize_parameters(logger=logger)
        if logger:
            logger.info(" Model parameter initialization finished.\n")

    def token_gradient_magnitude(self, inputs, return_logits=False):
        tokens = self.prepare_input_(inputs)
        batch_size, doc_size, sent_size = tokens.size()
        if self.sentence_encoder.needs_sorted_sentences:
            print("ERROR: Need to debug this first.")
```

```
        exit()
        tokens_srt, word_count_srt, inv_order = self.sort_sentences_(
            tokens, inputs.word_count)
        token_embeddings_srt = self.embeddings(tokens_srt)
        sentence_embeddings_srt = self.sentence_encoder(
            token_embeddings_srt, word_count_srt, inputs)

        sentence_embeddings_flat = sentence_embeddings_srt[inv_order]
        sentence_embeddings = sentence_embeddings_flat.view(
            batch_size, doc_size, -1)

        mask = tokens.data[:,:,:1].eq(0).repeat(
            1, 1, sentence_embeddings.size(2))
        sentence_embeddings.data.masked_fill_(mask, 0)
    else:
        token_embeddings = self.embeddings(tokens)
        token_embeddings.requires_grad = True
        token_embeddings.retain_grad()
        sentence_embeddings = self.sentence_encoder(
            token_embeddings, inputs.sentence_lengths, inputs)

    logits_and_attention = self.sentence_extractor(
        sentence_embeddings,
        inputs.num_sentences,
        targets=None)

    if isinstance(logits_and_attention, (list, tuple)):
        logits, attention = logits_and_attention
    else:
        logits = logits_and_attention
        attention = None

    mask = tokens.data[:,:,0].eq(0)
    logits.data.masked_fill_(mask, float("-inf"))
    positive_labels = logits.data.new().new(logits.data.shape).fill_(1.)

    bce = F.binary_cross_entropy_with_logits(
        logits, positive_labels,
        weight=mask.eq(0).float(),
        reduction='mean')
    bce.backward()

    grad_norms = token_embeddings.grad.norm(p=2, dim=3).data.cpu().numpy()

    if return_logits:
```

```
        return grad_norms, logits

    else:
        return grad_norms
```

2. SummaRuNNer 实现文本摘要

对抽取式文本摘要来说，大多数监督学习方法都将该任务看作二分类问题，忽略了句子之间的联系，受无监督学习的启发，可以将文本摘要任务看作序列标注问题。其核心思想是对原文中的每一个句子做二分类标签（0 或 1），0 代表该句不属于摘要，1 代表该句属于摘要，最终摘要由所有标签为 1 的句子构成。该任务的关键是如何获得句子的表示，即如何将句子编码成一个向量。

这里将以 Nallapati 等人的 SummaRuNNer 模型为例，详细介绍如何用序列标注进行文本摘要，其结构如图 6-7 所示。

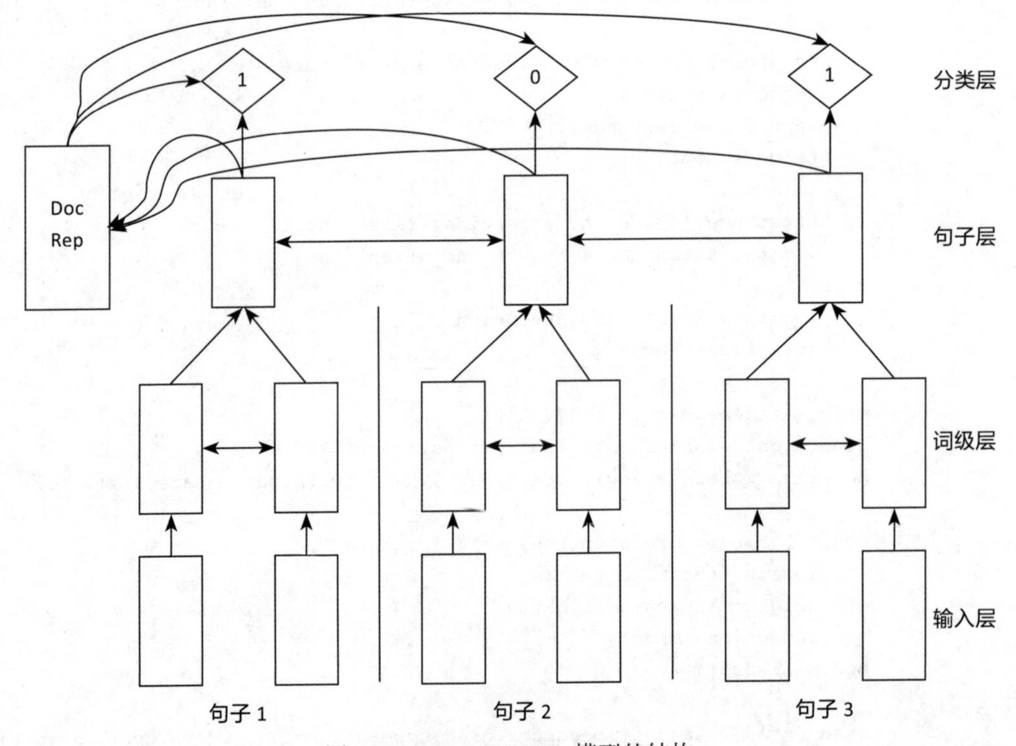

图 6-7　SummaRuNNer 模型的结构

如图6-7所示，SummaRuNNer模型是由一个两层循环神经网络构成的。最底层是词的输入，第二层是词级别的双向GRU，用来建模句子表示。第二层对每个句子的隐层各自做平均池化作为各自句子的表示。第三层是句子级别的双向GRU，输入是上一层的句子表示。得到隐藏层再做平均池化就能够得到文档的表示：

$$d = \tanh\left(\boldsymbol{W}_d \frac{1}{N_d}\sum_{j=1}^{N^d}[\boldsymbol{h}_j^f, \boldsymbol{h}_j^b] + b\right)$$

最后利用文档的表示来帮助我们依次对句子做分类。

分类层的公式如下：

$$\begin{aligned} P(y_i = 1|\boldsymbol{h}_j, \boldsymbol{s}_j, d) = \sigma(&\boldsymbol{W}_c \boldsymbol{h}_j \\ &+\boldsymbol{h}_j^{\mathrm{T}}\boldsymbol{W}_s d \quad &(\text{显著性}) \\ &-\boldsymbol{h}_j^{\mathrm{T}}\boldsymbol{W}_r \tanh(\boldsymbol{s}_j) \quad &(\text{新奇性}) \\ &+\boldsymbol{W}_{ap} p_j^a \quad &(\text{绝对位置}) \\ &+\boldsymbol{W}_{rp} p_j^r \quad &(\text{相对位置}) \\ &+b) \quad &(\text{偏置}) \end{aligned}$$

$$\boldsymbol{s}_j = \sum_{i=1}^{j-1}\boldsymbol{h}_i P(y_i = 1 | \boldsymbol{h}_i, \boldsymbol{s}_i, d)$$

其中，$\boldsymbol{s}$是动态的文本表示，是当前句子j之前的所有句子的隐藏状态的加权求和，权重是它们各自的概率。概率的计算还由其他的一些因素决定，如salience（显著性，与文档的关系），novelty（新奇性，与之前句子的关系，负相关），abs（绝对位置），rel（相对位置）。其关键代码如下。

1）模型训练。了解一个框架最重要的就是看它如何训练及测试，首先我们将SummaRuNNer模型看作一个黑盒，代码如下。

```
import torch import torch.nn as nn
# 创建一个模型
net = SummaRuNNer(config)
net.cuda()
# 定义损失函数和优化器
criterion = nn.BCELoss()
```

```
optimizer = torch.optim.Adam(net.parameters(), lr=args.lr)
# 前向训练
outputs = net(sents)
# 反向过程
optimizer.zero_grad()
loss = criterion(outputs, labels)
loss.backward()
# 梯度下降
torch.nn.utils.clip_grad_norm(net.parameters(), 1e-4)
optimizer.step()
# 保存训练模型
torch.save(net.state_dict(), args.model_file)
```

2）模型测试。模型测试实际上就是加载模型后，通过之前的前向过程得到每个句子的预测概率。

```
net = SummaRuNNer(config).cuda()
net.load_state_dict(torch.load(args.model_file))
for index, docs in enumerate(test_loader):
    doc = docs[0]
    x, y = prepare_data(doc, word2id)
    sents = Variable(torch.from_numpy(x)).cuda()
    outputs = net(sents)
```

3）网络搭建。

```
class SummaRuNNer(nn.Module):
    def __init__(self, config):
        super(SummaRuNNer, self).__init__()
        ...
    def forward():
        # 词级别 GRU
        word_features = self.word_embedding(x)
        word_outputs, _ = self.word_GRU(word_features)
        # 句子级别 GRU
        # 句子级别 RNN 的输入是对上一层词级别 RNN 的隐藏层做平均池化
        sent_features = self._avg_pooling(word_outputs, sequence_length)
        sent_outputs, _ = self.sent_GRU(sent_features.view(1, -1, self.sent_
            input_size))
        # 文档表示
        doc_features = self._avg_pooling(sent_outputs, [[x.size(0)]])
        doc = torch.transpose(self.tanh(self.fc1(doc_features)), 0, 1)
```

```
# 分类层
outputs = []
sent_outputs = sent_outputs.view(-1, 2 * self.sent_GRU_hidden_units)

# 初始化当前摘要表示
s = Variable(torch.zeros(100, 1)).cuda()
# 分类层
for position, sent_hidden in enumerate(sent_outputs):
    h = torch.transpose(self.tanh(self.fc2(sent_hidden.view(1, -1))), 0, 1)
    position_index = Variable(torch.LongTensor([[position]])).cuda()
    p = self.position_embedding(position_index).view(-1, 1)
    content = torch.mm(self.Wc, h)
    salience = torch.mm(torch.mm(h.view(1, -1), self.Ws), doc)
    # 这里用 tanh(s) 而不是直接用 s 的原因是让 s 的值保持在一定体量
    novelty = -1 * torch.mm(torch.mm(h.view(1, -1), self.Wr), self.
        tanh(s))
    position = torch.mm(self.Wp, p)
    bias = self.b
    Prob = self.sigmoid(content + salience + novelty + position + bias)
    s = s + torch.mm(h, Prob)
    outputs.append(Prob)

return torch.cat(outputs, dim = 0)
```

当然，除了借助循环神经网络实现序列标注，也可以使用传统的朴素贝叶斯、隐马尔可夫模型及条件随机场进行摘要的抽取，这里不详细介绍。

6.4　基于深度神经网络的生成式文本摘要

生成式文本摘要是一种更接近人类提取摘要的摘要提取方法，它产生的摘要不是来自原文中句子的拼接，而是利用生成技术理解原文语义后生成的。该方法要求生成模型具有更强的表征、理解、生成文本的能力，需要涉及语义表征、推断和自然语言生成等先进技术，这些都是目前比较难解决的问题，因此，生成式文本摘要需要富有建设性的创新和大量的工作来提升性能。借助深度学习，生成式文本摘要有了令人瞩目的发展，很多生成式方法在一定程度上超过了最好的抽取式方法，这里主要介绍几种常用的基于深度神经网络的生成式文本摘要方法。

生成式神经网络模型主要由编码器和解码器组成，编码器和解码器都由神经网络

（通常为循环神经网络或卷积神经网络）实现，如图 6-8 所示。接下来，我们详细介绍几个经典的生成式文本摘要方法。

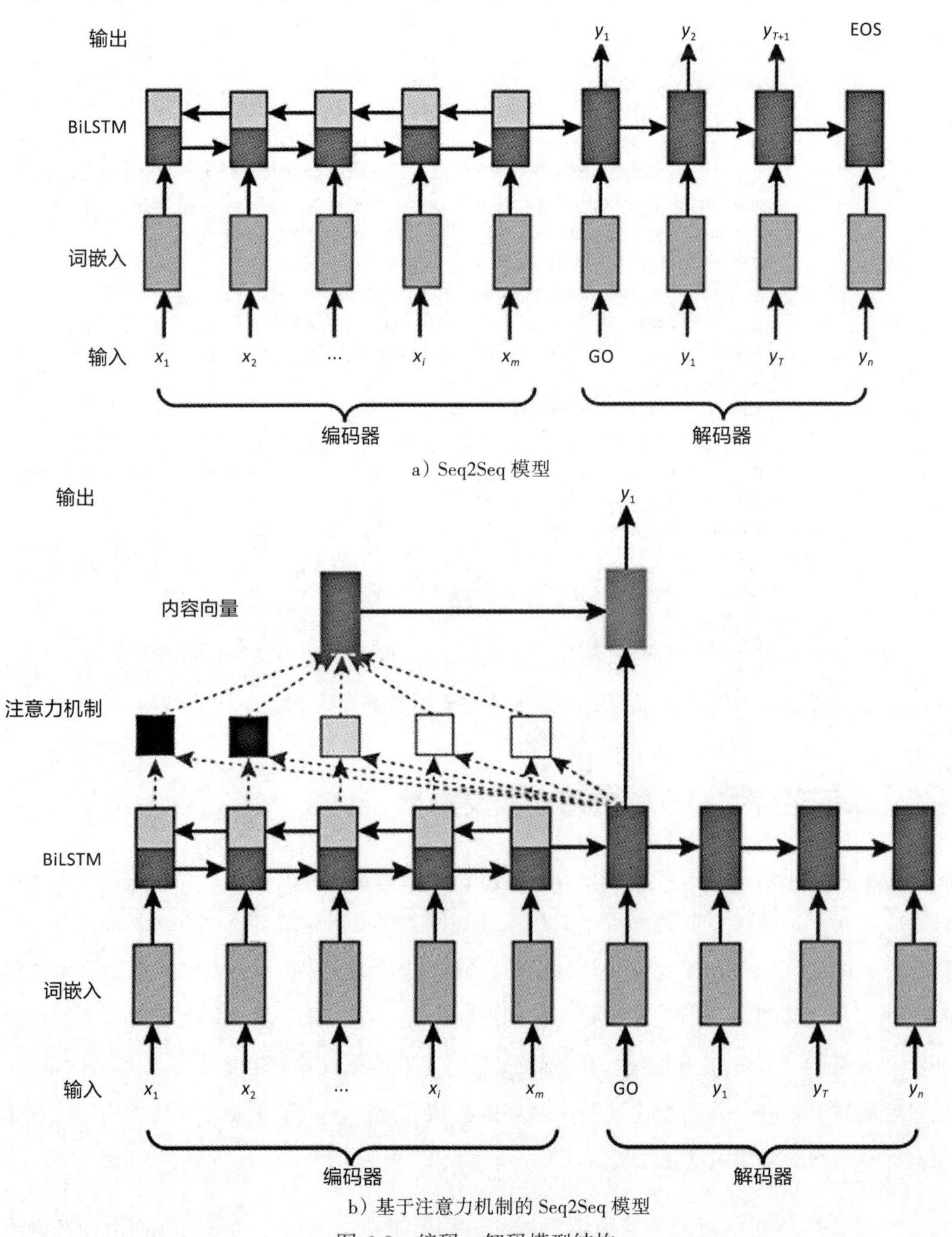

a）Seq2Seq 模型

b）基于注意力机制的 Seq2Seq 模型

图 6-8　编码 – 解码模型结构

1. Pointer-Generator Network 实现文本摘要

Pointer-Generator Network 模型是融合 Seq2Seq 模型、Pointer Network 和覆盖率机制（coverage）的文本摘要提取方法。该方法使用指针从原文中复制词，确保生成器可以生成新词；使用覆盖率机制追踪哪些信息已经在摘要中，避免生成重复的摘要。其模型结构如图 6-9 所示。

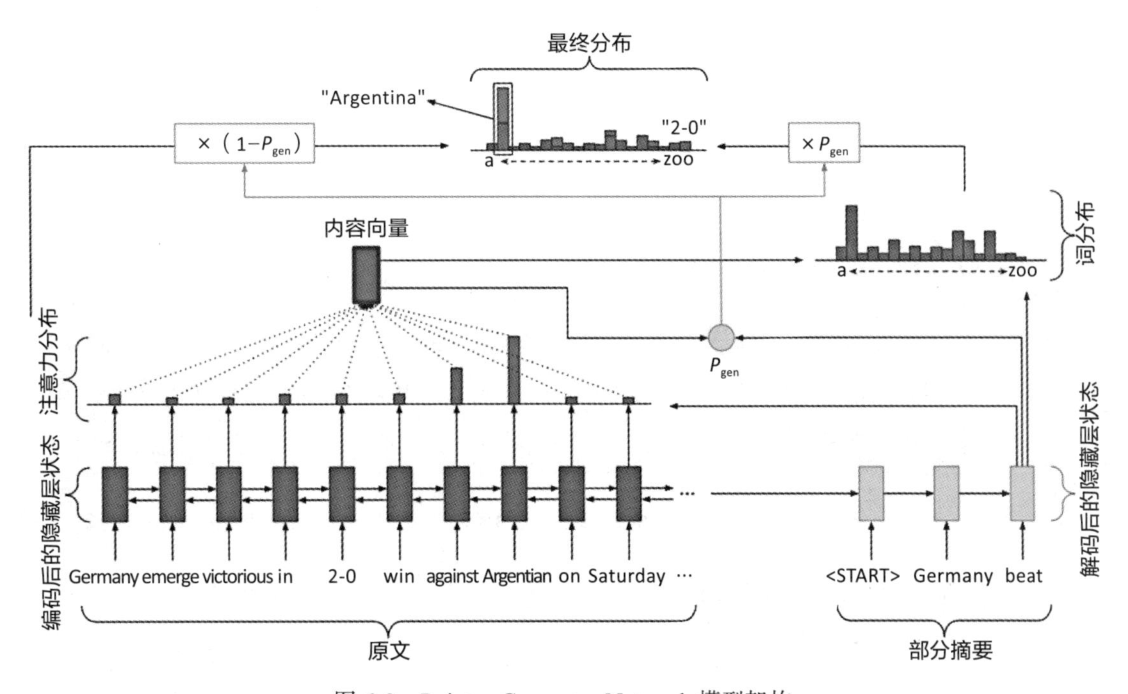

图 6-9　Pointer-Generator Network 模型架构

前面提到，Pointer-Generator Network 模型包含 Seq2Seq、Pointer Network 和 Coverage 三个模型。其中 Seq2Seq 模型中的 Encoder 部分采用单层双向 LSTM，它的输入为原文的词向量序列，输出为编码后的隐藏层状态序列 $\boldsymbol{h}_i$；Decoder 部分为单层单向 LSTM，其每一步的输入为前一步预测得到的词向量，输出为解码后的隐藏层状态序列 $\boldsymbol{s}_t$；Attention 部分是作用于原文的概率分布，目的是告诉模型在当前步的预测过程中，原文中的哪些词更重要，计算公式为：

$$\boldsymbol{e}_i^t = \boldsymbol{v}^{\mathrm{T}} \tanh(\boldsymbol{W}_h \boldsymbol{h}_i + \boldsymbol{W}_s \boldsymbol{s}_t + \boldsymbol{b}_{\text{attn}})$$

$$\boldsymbol{a}^t = \text{softmax}(\boldsymbol{e}^t)$$

其中，$\boldsymbol{v}$、$\boldsymbol{W}_h$、$\boldsymbol{W}_s$ 是可训练参数。在计算出当前步的 Attention 分布后，对编码器输出的隐藏层做加权平均，获得原文的动态表示，也就是语境向量：

$$\boldsymbol{h}_t^* = \sum_i \boldsymbol{a}_i^t \boldsymbol{h}_i$$

之后，依靠解码器输出的隐藏层和语境向量，共同决定当前步预测在词表上的概率分布：

$$P_{\text{vocab}} = \text{softmax}(\boldsymbol{V}'(\boldsymbol{V}[\boldsymbol{s}_t, \boldsymbol{h}_t^*] + \boldsymbol{b}) + \boldsymbol{b}')$$

其中$\boldsymbol{V}$、$\boldsymbol{V}'$、$\boldsymbol{b}$、$\boldsymbol{b}'$是可训练参数。

Pointer-Generator Network 混合了 Seq2Seq 模型和 Pointer Network 模型，通过 Seq2Seq 模型保持抽象生成的能力，通过 Pointer Network 模型直接从原文中取词，提高摘要的准确度，缓解原文中未登录词（OOV）问题。在预测的每一步，通过动态计算一个生成概率：

$$P_{\text{gen}} = \sigma(\boldsymbol{w}_h^{\mathrm{T}} \boldsymbol{h}_t^* + \boldsymbol{w}_s^{\mathrm{T}} \boldsymbol{s}_t + \boldsymbol{w}_x^{\mathrm{T}} \boldsymbol{x}_t + \boldsymbol{b}_{\text{ptr}})$$

把二者结合起来，这里直接把 Seq2Seq 模型计算的 Attention 分布作为 Pointer Network 的输出，最终的预测结果为：

$$P(\boldsymbol{w}) = P_{\text{gen}} P_{\text{vocab}}(\boldsymbol{w}) + (1 - P_{\text{gen}}) \sum_{i:w_i = w} \boldsymbol{a}_i^t$$

Pointer-Generator Network 相当于在每次摘要生成过程中，都把原文动态地加入词表中。Coverage 模型的要点在于预测过程中维护 coverage 向量：

$$\boldsymbol{c}^t = \sum_{t'=0}^{t-1} \boldsymbol{a}^{t'}$$

该向量是之前所有预测步计算的 Attention 分布的累加和，记录着模型已经关注过原文中的哪些词，且该向量会影响当前步的 Attention，计算如下：

$$\boldsymbol{e}_i^t = \boldsymbol{v}^{\mathrm{T}} \tanh(\boldsymbol{W}_h \boldsymbol{h}_i + \boldsymbol{W}_s \boldsymbol{s}_t + \boldsymbol{w}_c \boldsymbol{c}_i^t + \boldsymbol{b}_{\text{attn}})$$

此外，Coverage 模型需要一个额外的 Coverage 损失：

$$\text{covloss}_t = \sum_i \min(\boldsymbol{a}_i^t, \boldsymbol{c}_i^t)$$

这个损失只会对重复的 Attention 进行惩罚，并不会强制要求模型关注原文中的每一个词。

该方法的关键代码如下：

```
import os,time
import numpy as np
import tensorflow as tf
FLAGS = tf.app.flags.FLAGS

class SummarizationModel(object):
    """Pointer-generator 摘要提取 """

    def _add_seq2seq(self):
        hps = self._hps
        vsize = self._vocab.size() # 词典大小
        with tf.variable_scope('seq2seq'):
            # 模型初始化
            self.rand_unif_init=tf.random_uniform_initializer(-hps.rand_unif_init_mag,
                hps.rand_unif_init_mag, seed=123)
            self.trunc_norm_init = tf.truncated_normal_initializer(stddev=hps.trunc_
                norm_init_std)
            # 词嵌入部分
            with tf.variable_scope('embedding'):
                embedding = tf.get_variable('embedding', [vsize, hps.emb_dim],
                    dtype=tf.float32, initializer=self.trunc_norm_init)

                if hps.mode=="train": self._add_emb_vis(embedding)
                emb_enc_inputs = tf.nn.embedding_lookup(embedding, self._enc_
                    batch) # 维度为 (batch_size, max_enc_steps, emb_size)
                emb_dec_inputs = [tf.nn.embedding_lookup(embedding, x) for x
                    in tf.unstack(self._dec_batch, axis=1)]
            # 编码器部分
            enc_outputs, fw_st, bw_st = self._add_encoder(emb_enc_inputs,
                self._enc_lens)
            self._enc_states = enc_outputs
            self._dec_in_state = self._reduce_states(fw_st, bw_st)
```

```
        # 解码器部分
        with tf.variable_scope('decoder'):
            decoder_outputs, self._dec_out_state, self.attn_dists, \
            self.p_gens, self.coverage = self._add_decoder(emb_dec_inputs)
        # 输出部分
        with tf.variable_scope('output_projection'):
        w = tf.get_variable('w', [hps.hidden_dim, vsize], dtype=tf.float32,
                                initializer=self.trunc_norm_init)
        w_t = tf.transpose(w)
        v = tf.get_variable('v', [vsize], dtype=tf.float32,
                                initializer=self.trunc_norm_init)
        vocab_scores = []
        for i, output in enumerate(decoder_outputs):
            if i > 0:
                tf.get_variable_scope().reuse_variables()
            vocab_scores.append(tf.nn.xw_plus_b(output, w, v))
        vocab_dists = [tf.nn.softmax(s) for s in vocab_scores] # 词分布
    # 得到词典
    if FLAGS.pointer_gen:
        final_dists = self._calc_final_dist(vocab_dists, self.attn_dists)
    else:
        final_dists = vocab_dists

    if hps.mode in ['train', 'eval']:
        # 计算损失
        with tf.variable_scope('loss'):
            if FLAGS.pointer_gen:
                loss_per_step = []
                batch_nums = tf.range(0, limit=hps.batch_size) # 维度为(batch_
                    size)
                for dec_step, dist in enumerate(final_dists):
                    targets = self._target_batch[:,dec_step]
                    indices = tf.stack( (batch_nums, targets), axis=1) #
                        维度为(batch_size, 2)
                    gold_probs = tf.gather_nd(dist, indices) # 维度为(batch_
                        size)
                    losses = -tf.log(gold_probs)
                    loss_per_step.append(losses)
                self._loss = _mask_and_avg(loss_per_step, self._dec_
                    padding_mask)
            else:
                self._loss = tf.contrib.seq2seq.sequence_loss(tf.stack(vocab_
                    scores, axis=1), self._target_batch, self._dec_padding_
                    mask)
```

```
                tf.summary.scalar('loss', self._loss)

                # 得到累加损失
                if hps.coverage:
                    with tf.variable_scope('coverage_loss'):
                        self._coverage_loss = _coverage_loss(self.attn_dists,
                            self._dec_padding_mask)
                        tf.summary.scalar('coverage_loss', self._coverage_loss)
                    self._total_loss = self._loss + hps.cov_loss_wt * self._
                        coverage_loss
                    tf.summary.scalar('total_loss', self._total_loss)

        if hps.mode == "decode":
            assert len(final_dists)==1
            final_dists = final_dists[0]
            topk_probs, self._topk_ids = tf.nn.top_k(final_dists, hps.batch_
                size*2)
            self._topk_log_probs = tf.log(topk_probs)
    # 运行编码器
    def run_encoder(self, sess, batch):
        feed_dict = self._make_feed_dict(batch, just_enc=True)
        (enc_states, dec_in_state, global_step) = sess.run([self._enc_states,
            self._dec_in_state,self.global_step], feed_dict)
        dec_in_state = tf.contrib.rnn.LSTMStateTuple(dec_in_state.c[0], dec_
            in_state.h[0])
        return enc_states, dec_in_state
```

2. MASS 实现文本摘要

受 BERT 预训练模型在自然语言理解任务（如：情感分类、命名实体识别、SQuAD 阅读理解等）中取得的优异表现，MASS 针对序列到序列的自然语言生成任务，设计了预训练方法。做预训练首先要确定选择什么样的模型结构和什么任务类型。针对 MASS 来说，选择的模型结构是 Transformer，任务类型与 BERT 类似，采用掩码语言模型（Masked Language Model）机制，如图 6-10 所示。

如 6-10 所示，Encoder 的输入为句子长度为 8 的 token，$\boldsymbol{x}=\{x_1,x_2,\cdots,x_8\}$，对 $\boldsymbol{v}$ 到 $\boldsymbol{u}$ 之间的 token 进行遮盖，即将对应位置上的 token 替换成 [M]；Decoder 的输出目标为：$L(\theta;\chi)=\frac{1}{|\chi|}\sum_{x\in\chi}\log P(\boldsymbol{x}^{u:v}\mid\boldsymbol{x}^{\setminus u:v};\theta)=\frac{1}{|\chi|}\sum_{x\in\chi}\log\prod_{t=u}^{u}P(\boldsymbol{x}_t^{u:v}\mid\boldsymbol{x}_{<t}^{u:v},\boldsymbol{x}^{\setminus u:v};\theta)$，其中 $\boldsymbol{x}^{u:v}$ 表示被遮盖的

词，$\boldsymbol{x}^{\setminus u:v}$ 表示被遮盖的词的句子，θ 为模型中的参数。

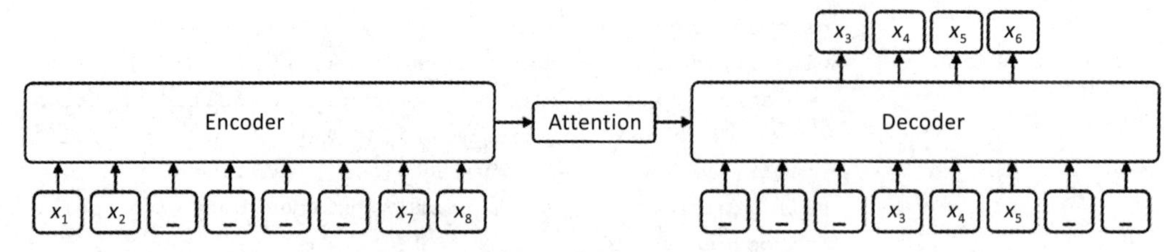

图 6-10　MASS 的 Encoder-Decoder 框架

MASS 的关键代码如下：

```
class TransformerMASSModel(FairseqEncoderDecoderModel):
    """
    MASS 网络结构
    """

    def __init__(self, encoder, decoder):
        super().__init__(encoder, decoder)

    def add_args(parser):
        """
        模型特定的参数
        """
        parser.add_argument('--activation-fn',
                            choices=utils.get_available_activation_fns(),
                            help='activation function to use')
        parser.add_argument('--dropout', type=float, metavar='D',
                            help='dropout probability')
        parser.add_argument('--Attention-dropout', type=float, metavar='D',
                            help='dropout probability for Attention weights')
        parser.add_argument('--activation-dropout', type=float, metavar='D',
                            help='dropout probability after activation in FFN.')
        parser.add_argument('--encoder-embed-dim', type=int, metavar='N',
                            help='encoder embedding dimension')
        parser.add_argument('--encoder-ffn-embed-dim', type=int, metavar='N',
                            help='encoder embedding dimension for FFN')
        parser.add_argument('--encoder-layers', type=int, metavar='N',
                            help='num encoder layers')
        parser.add_argument('--encoder-Attention-heads', type=int, metavar='N',
                            help='num encoder Attention heads')
```

```
        parser.add_argument('--decoder-embed-dim', type=int, metavar='N',
                            help='decoder embedding dimension')
        parser.add_argument('--decoder-ffn-embed-dim', type=int, metavar='N',
                            help='decoder embedding dimension for FFN')
        parser.add_argument('--decoder-layers', type=int, metavar='N',
                            help='num decoder layers')
        parser.add_argument('--decoder-Attention-heads', type=int, metavar='N',
                            help='num decoder Attention heads')
        parser.add_argument('--share-all-embeddings', action='store_true',
                            help='share encoder, decoder and output embeddings'
                                 ' (requires shared dictionary and embed dim)')
        parser.add_argument('--load-from-pretrained-model', type=str, default=None,
                            help='Load from pretrained model')
        # fmt: on

    @classmethod
    def build_model(cls, args, task):
        """
        构建模型
        """
        base_architecture(args)
        if not hasattr(args, 'max_source_positions'):
            args.max_source_positions = DEFAULT_MAX_SOURCE_POSITIONS
        if not hasattr(args, 'max_target_positions'):
            args.max_target_positions = DEFAULT_MAX_TARGET_POSITIONS
        src_dict, tgt_dict = task.source_dictionary, task.target_dictionary

        def build_embedding(dictionary, embed_dim):
            num_embeddings = len(dictionary)
            padding_idx = dictionary.pad()
            emb = Embedding(num_embeddings, embed_dim, padding_idx)
            return emb
        if args.share_all_embeddings:
            if src_dict != tgt_dict:
                raise ValueError('--share-all-embeddings requires a joined
                    dictionary')
            if args.encoder_embed_dim != args.decoder_embed_dim:
                raise ValueError(
                    '--share-all-embeddings requires --encoder-embed-dim to
                        match --decoder-embed-dim')
            encoder_embed_tokens = build_embedding(
                src_dict, args.encoder_embed_dim
            )
            decoder_embed_tokens = encoder_embed_tokens
```

```
            args.share_decoder_input_output_embed = True
        else:
            encoder_embed_tokens = build_embedding(
                src_dict, args.encoder_embed_dim
            )
            decoder_embed_tokens = build_embedding(
                tgt_dict, args.decoder_embed_dim
            )
        encoder = TransformerEncoder(args, src_dict, encoder_embed_tokens)
        decoder = TransformerDecoder(args, tgt_dict, decoder_embed_tokens)
        model = TransformerMASSModel(encoder, decoder)
        if args.load_from_pretrained_model is not None:
            states = torch.load(args.load_from_pretrained_model, map_location='cpu')
            model.load_state_dict(states)
            args.load_from_pretrained_model = None # Clear this param
        return TransformerMASSModel(encoder, decoder)

    def max_positions(self):
        encoder_max_p=self.encoder.max_positions()
        decoder_max_p=self.decoder.max_positions()
        return (encoder.max_p, decoder.max_p)

    def forward(self, src_tokens=None, src_lengths=None, prev_output_tokens=None,
      **kwargs):
        encoder_out = self.encoder(src_tokens, src_lengths=src_lengths, **kwargs)
        decoder_out = self.decoder(prev_output_tokens, encoder_out=encoder_out,
            **kwargs)
        return decoder_out
```

6.5 文本摘要常用数据集

数据集对深度学习来说非常重要，文本摘要常用数据集包含中英文两大类，如表6-3所示。

表6-3　文本摘要常用数据集

数据集名称	语言	适用方法	摘要方式	数据规模
DUC/TAC	英文	单文档 / 多文档摘要	抽取式 / 生成式摘要	较大
CNN/Daily Mail	英文	单文档摘要	抽取式 / 生成式摘要	较大

（续）

数据集名称	语言	适用方法	摘要方式	数据规模
Gigaword	英文	单文档摘要	生成式摘要	较大
New York Times	英文	单文档摘要	生成式摘要	中等
Newsroom	英文	单文档摘要	抽取式 / 生成式摘要	中等
Bytecup	英文	单文档摘要	生成式摘要	中等
LCSTS	中文	单文档摘要	生成式摘要	较大
NLPCC	中文	单文档摘要	生成式摘要	较小

6.6　文本摘要评价方法

文本摘要技术在多个领域得到了广泛的应用，模型的评估手段对提升文本摘要的研究结果具有重要意义。目前的评价方法包含自动评价方法和人工评价方法。自动评价方法最常用的指标为 ROUGE。

6.6.1　自动评价方法

自动评价方法主要有两种类型。第一种为内部评价方法（Intrinsic Method），提供参考摘要，以参考摘要为基准评价系统摘要的质量。系统摘要与参考摘要越吻合，质量越高。第二种为外部评价方法（Extrinsic Method），不提供参考摘要，利用文档摘要代替原文档执行某个文档相关的应用，例如文档检索、文档聚类、文档分类等。能够提高应用性能的摘要被认为是质量好的摘要。下面介绍两种常用评价方法。

1. Edmundson

Edmundson 评价方法比较简单，可以客观评估，通过比较机械文摘（自动文摘系统得到的文摘）与目标文摘的句子重合率（coselection rate）的高低来对系统摘要进行评价；也可以主观评估，由专家比较机械文摘与目标文摘所含的信息，然后给机械文摘一个等级评分。例如等级可以分为：完全不相似、基本相似、很相似、完全相似等。

Edmundson 比较的基本单位是句子，通过句子级标号分隔文本单元，句子级标号包括“。”“：”“；”“！”“？”，并且只允许专家从原文中抽取句子，而不允许专家根据自己对原文的理解重新生成句子，专家文摘和机械文摘的句子都按照在原文中出现的先后顺序给出。

该方法的计算公式为：

$$重合率 P = 匹配句子数 / 专家文摘句子数 \times 100\%$$

每一个机械文摘的重合率为按三个专家给出的文摘得到的重合率的平均值：

$$平均重合率=\sum_{i=1}^{n} P_i / n \times 100\%$$

即对所有专家的重合率取一个均值，P_i 为相对第 i 个专家的重合率，n 为专家的数目。

2. ROUGE

ROUGE 是 Chin–Yew Lin 提出的一个文本摘要评价指标集合，包括一些衍生的指标，最常用的指标有 ROUGE-n、ROUGE-L、ROUGE-SU。

ROUGE-n：该指标旨在通过比较生成的摘要和参考摘要的 N-gram（连续的 n 个词）评价摘要的质量。常用的有 ROUGE-1、ROUGE-2、ROUGE-3。

ROUGE-L：不同于 ROUGE-n，该指标基于最长公共子序列（LCS）评价摘要。如果生成的摘要和参考摘要的 LCS 越长，那么认为生成的摘要质量越高。该指标的不足之处在于，它要求模型一定是连续的。

ROUGE-SU：该指标综合考虑 Uni-gram（一元模型）和 Bi-gram（二元模型），允许 Bi-gram 的第一个字和第二个字之间插入其他词，因此比 ROUGE-L 更灵活。

ROUGE 还有 3 项评价指标：准确率 P（precision）、召回率 R（recall）和 F1 值。ROUGE 的公式是由召回率的计算公式演变而来的。在评价阶段，研究人员常使用工具包 pyrouge 计算模型的 ROUGE 分数。

6.6.2 人工评价方法

评价一篇摘要的好坏，最简单的方法就是邀请若干专家根据标准进行人工评定。这种方法通常会根据句子的可读性、与原文的相关性、流畅度等指标人为地对摘要进行打分，具体细则如下。

1）可读性：摘要的书写应该是流利的，拼写应该是正确的。

2）相关性：摘要应与原文的主题信息密切相关，不应该偏离原意。

3）信息性：摘要应该包含原本的大部分重要信息，如果从摘要中获得的信息很少，那么这个摘要很可能是不合格的。

4）连贯性：摘要的逻辑和语法应该是正确的。

5）简洁性：摘要的长度应尽可能精简，不能为提升其他指标而过多重复，冗余信息要尽可能少。

6.7 本章小结

近年来，由于神经网络技术的发展，文本摘要的研究重点从最初的人为特征设计方法转向了基于深度学习的抽取式文本摘要方法和生成式文本摘要方法。抽取式文本摘要方法得到的摘要在语法、句法方面质量较好，但易出现内容选择错误、连贯性差、灵活性差等问题。相比之下，生成式文本摘要方法具有更高的灵活性。但不可避免的是，基于深度学习的方法需要大量高质量的标注数据、耗费大量计算资源等问题。

CHAPTER 7

第7章

文本纠错

文本纠错任务包括语法错误纠正和拼写错误纠正，其目的是纠正文本中各种类型的错误，如拼写、标点、语法和用词不当等错误。人工设计的纠错模型接收一个文本作为输入，并将该文本纠错后的版本输出。文本纠错任务是一项有挑战的任务，从本质上来说，既需要文本纠错模型掌握人类的常识性知识，又需要其具备人类的阅读理解能力。文本纠错的效果对后续的搜索、OCR（Optical Character Recognition，光学字符识别）、文章评分、语音对话、网络信息提取和文本编辑等任务起到至关重要的作用。通过对本章的学习，可以使读者对文本纠错方法和流程有一个清晰的认识。

本章首先介绍了文本中常见的错误类型，并对其产生的原因进行了分析。其次，系统性地介绍了文本纠错的传统方法以及深度学习方法，并对其在工业界的应用进行了分析。最后，介绍了几个常用的文本纠错工具。下面来看具体内容。

7.1 错误来源及类型

针对不同的应用场景，在使用文本的过程中难免会出现不同类型的错误，主要来源于以下几个方面。

1）语音转化成文字：在语音识别任务中，需要将说话人的语音通过算法转换成文本，当说话人发音不准确或带有方言时，通过算法识别出的文本也会出现不同程度的错误，从而影响后续的查询、对话等任务。

2）图像转化成文字：在OCR任务中，需要将人工书写的文字图像作为输入，通过检测图像中文字的亮、暗两种模式来判断文字的形状。如若书写不佳，则会出现形近字的错误。

3）文本内容输入：用户在使用搜索引擎或与朋友线上打字交流时，通常需要使用键盘进行输入，如果多打或者少打一个字母，就会出现谐音字、混音字或相近词等错误，有些严重错误甚至影响整段话的表述。这些类型的错误也是输入文本时最常见的错误。例如在表7-1的错误例句中，“文本纠错责任”在这里应该改为“文本纠错任务”，这种错误就是由于使用者对“任务”和“责任”的理解偏差导致。还会有多字、少字、错字、语法错误等多种错误类型。

表7-1 中文文本错误类型

错误类型	错误细分	错误例句
冗余	多字	文本纠错错任务
缺失	少字	文本纠错务
错字	混淆字词	文本纠错文物
	谐音	文本纠错人务
	形状相似	文本纠错仕务
语法错误	乱序	文本错纠任务
	不符合语意	文本纠错责任
标点符号	不恰当的标点符号	文本－纠错任务

7.2 文本纠错的3种传统方法

本节主要介绍了文本纠错的3种传统方法，早期人们想到的方法虽然简单粗暴，但往往能有效地解决实际问题，直至今日，一些方法依然有效。

7.2.1 模板匹配

模板匹配方法需要构造一个字典模板。首先需要收集某一个领域的所有关键词，然后，根据关键词人为补全所有关于此关键词的错误表述，将关键词和其所有错误表述的词对存入字典中。当需要纠错的文本中出现了字典中存在的某个关键词的错误表述时，那么就可以通过字典索引到正确的关键词并纠正，若此错误表述没有在字典中找到，那么即使是错误也不能修改。

模板匹配方法是最直观、有效的方法，但是只能对人工收集到的有限关键词进行纠错，覆盖范围有限。同时，这种方法在标注时需要消耗大量的人力成本，并且后期维护字典的成本较高，所以通常用于某一特定领域，例如，学校、医院、保险行业等。

7.2.2　编辑距离匹配

编辑距离匹配方法也需要构建字典。这个字典只包含某一领域内的正确表述的文本。在执行纠错任务时，将需要纠错的文本与字典中所有的正确文本做编辑距离运算，输出字典中与输入文本编辑距离最近的正确文本作为纠正后的文本。

编辑距离匹配方法相较于模板匹配方法，仅需要构建表述正确的文本，字典规模更小，需要消耗的人力相对较少，但是当进行文本纠错任务时，需要将输入的文本与字典中所有的正确文本进行计算，算法的时间复杂度较高。而且算法仅仅基于文本自身的结构去计算，并没有获取到语义层面的信息。

编辑距离匹配方法的代码实现为：

```
def Distance_Recursive(str1, str2):
    """
    基于编辑距离匹配任务
    """
    if len(str1) == 0:
        return len(str2)
    elif len(str2) == 0:
        return len(str1)
    elif str1 == str2:
        return 0

    if str1[len(str1) - 1] == str2[len(str2) - 1]:
        d = 0
    else:
```

```
            d = 1

        return min(Distance_Recursive(str1, str2[:-1]) + 1,
                   Distance_Recursive(str1[:-1], str2) + 1,
                   Distance_Recursive(str1[:-1], str2[:-1]) + d)

    if __name__ == '__main__':
        minDistance = 无穷大
        # Dict 为标准词语库
        for i in Dict:
            if (Distance_Recursive(i, input) < minDistance:
                    minDistance = Distance_Recursive(i, input)
                    print(i)
```

7.2.3 HANSpeller++ 框架

HANSpeller++ 是一个针对中文检测和纠错的统一框架。该方法使用了非中文母语的中文学习者的作文作为训练数据集，实现流程如图 7-1 所示。首先将输入文本切分成多个子句，并使用扩展的 HMM 模型对切分后的每个子句生成 TOP-k 个候选集合，之后使用 2 阶段的过滤方法对每个子句的候选集合进行筛选，再使用基于规则的方法矫正容易混淆的字，得到最有可能的候选集。最后，采用全局决策方法直接输出原句或最有可能正确的候选句。下面将详细介绍这 5 个步骤。

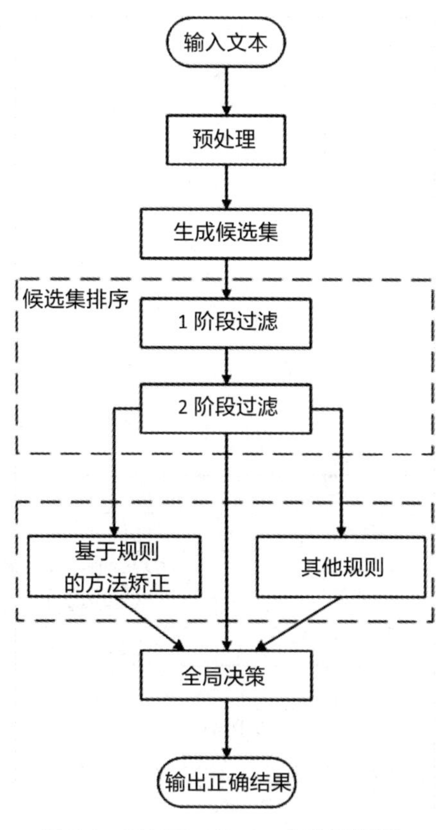

图 7-1 HANSpeller++ 方法流程图

1. 数据预处理

为了方便后续操作，我们通过文本中的标点符号将长句拆分为多个短的子句，并删除其中的非中文字符。注意，这里通过字符的 Unicode 编码判断是否为中文字符。

2. 生成候选集

首先对某一输入子句初始化为一个固定大小的优先队列，该队列用于存储中间子句。对于优先队列中句子的每个字符，我们尝试用预先提取的候选字符替换它。可能的候选字符包括同音字、发音相近字、形状相似字和混淆对。其中混淆对是从 CLP-2014 CSC 和 SIGHAN- 2013 CSC 数据集中提取的词和字级别的集合，每个混淆对中包含文本的正确和错误表述。对上述不同的替换操作初始化不同的权值，这个权值会在全局决策时用到。

对每一个子句进行字符替换，然后将修改后的子句放入优先队列中，当优先队列的长度达到阈值时，按照每个子句的优先级排序，删除优先级低的子句。其中优先级是根据 N-gram 模型概率和编辑距离加权得出。

3. 候选集排序

由于生成候选集时使用了多种替换字符的方案，导致生成的候选集存在大量冗余、错误的信息，所以需要通过排序方法找到最正确的候选者。我们将排序问题视为一个二分类问题，正确的候选者为正样本，反之为负样本。但是由于负样本的数量太多，所以设计了一个 2 阶段过滤的方法。

在第 1 个阶段使用简单的逻辑回归分类器，这一阶段使用的 4 个特征如表 7-2 所示，通过这 4 个特征挑选出最优的 20 个候选子句。

表 7-2　第 1 阶段的 4 个特征

特征名称	特征内容
语言模型特征	计算候选句和原句的 N-gram 文本概率
字典特征	根据字典计算分割后的候选句中短语和成语的数量和比例
编辑距离特征	计算从原句到候选句的编辑距离，其中不同的编辑操作被赋予不同的编辑权重
分割的特征	使用了最大匹配算法和 CKIP 解析器分割的结果

在第 2 阶段构建了许多复杂特征以形成一个更精准的模型，这一阶段使用的 3 个特征如表 7-3 所示。在这一阶段将候选子句数量筛检到 5 个。

表 7-3 第 2 阶段的 3 个特征

特征名称	特征内容
基于网站的特征	使用 Bing 或其他搜索引擎对提交拼写更正部分和原句的相对应部分的搜索结果
翻译的特征	每个候选句和原句的英文翻译
微软 Web N-gram 服务	使用微软 Web N-gram 服务计算英文翻译的 N-gram 模型概率

4. 规则模块

在中文拼写纠错中，有许多常见的混淆词集，许多词的发音相同或表达意思相近，对于初学者而言十分容易混淆，例如："的""地""得"，还有"他""她""它"等。因此，这类问题就需要通过语法分析并设计相应的规则进行纠正。

例如，"的"通常用在主语或宾语之前，用来修饰后面的内容；"地"通常用在动词和形容词前，用来描述后面的动作。

5. 全局决策

最后，我们将通过上述 4 步得到的候选子句输入全局决策模块，此模块通过多个全局限制条件筛选出最终的输出子句。具体的全局限制条件如下。

1）若原始句的 N-gram 模型概率在所有子句中最大，则认为原始句没有错误，直接输出原始句。

2）对所有候选子句按照每一阶段得到的结果进行加权排序，将输出得分最高的句子作为最终的纠正句。其中，每一阶段的权重有所不同，由于在候选集排序第 2 阶段的概率分数是根据许多复杂的特征求得，所以这个分数比较重要，且相对权重更大。另外一个重要的因素是生成候选集的替换操作类型，由于混淆对是根据大量标注数据抽取的，所以混淆对的替换操作相对于其他替换操作有更大的权重。

3）如果子句有超过两处错误，那么会被直接舍弃，如果子句组成的长句有三处及以上错误也会被舍弃。

本节具体阐述了一个通用的中文文本纠错框架——HANSpeller++，在排序的第一阶段使用简单特征来删除有明显错误的子句，更注重运算速度，后一个阶段组合了许多复杂的特征，更侧重模型性能，最后使用基于规则的全局决策模块得到纠正后的句子。我们在处理特定领域数据集时，不仅仅可以借鉴本文中设计的通用规则，也可以根据数据集的特性设计专门的决策规则。

7.3　文本纠错深度学习方法

传统的文本纠错方法仅对字、词进行替换，纠错模型通常需要人工设计多种特征并制定具体的决策规则，需要耗费大量的人力资源。而深度学习的方法则可以极大地解放人力，自动生成更高维度的特征。本节将详细介绍英文和中文共7种基于深度学习的文本纠错方法。

7.3.1　英文文本纠错方法

本文主要介绍两种英文文本纠错方法，具体如下。

1. 跨句的语法纠错模型

在传统的英文语法纠错方法中，纠错模型通常只对单独的句子进行处理，忽略了句子所在文档中有用的上下文信息，这可能会导致句子时态、定冠词以及连接词的使用错误。如图7-2所示，英语学习者书写的句子在完整的文档中存在动词时态的错误，然而单独从句子本身来看并没有错误。因此，如何利用上下文信息对于语法纠错任务至关重要。

OUT OF CONTEXT: ***As a result, they are not convenient enough.***
IN CONTEXT: Electric cars have a very obvious shortage in their technique design. The electric cars invented in 1990 did not have a powerful battery. Due to the limitation of its weigh, size and the battery technology, the battery used in the electric cars at that time was limited to a range of 100 miles (Rogers,2003). ***As a result, they ~~are~~ were not convenient enough.*** Instead, Hydrogen fuel cell was brought up to substitute the electric battery.

图7-2　英语学习者书写的语料库

（1）编码 – 解码模型架构

本方法借鉴了基础的编码 – 解码模型架构，如图 7-3 所示，其主要构成为编码器和解码器。

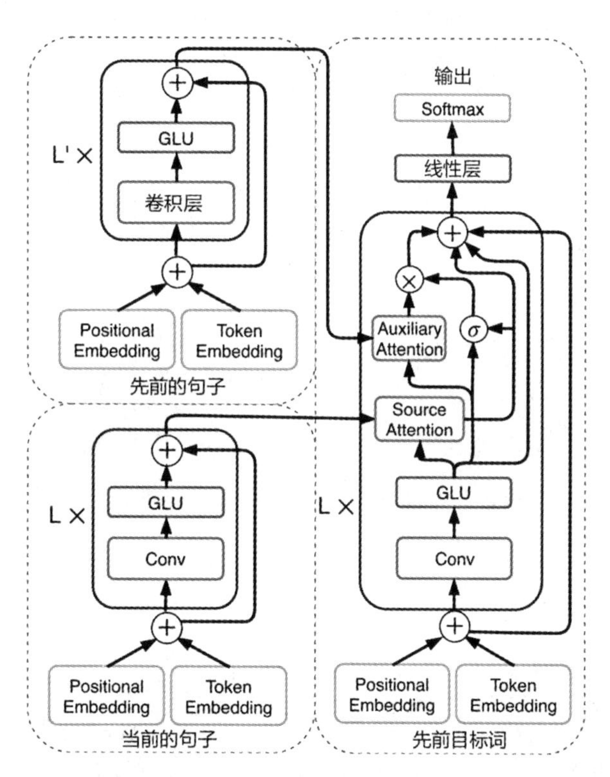

图 7-3　带辅助编码器和门控的跨句卷积编码 – 解码模型架构

1）编码器：编码器是由多个卷积层和 GLU 激活函数重复堆叠构成的。首先我们得到输入句子的嵌入和其位置嵌入，将两个嵌入求和并经过一个线性层作为编码器的输入。在编码器中，每一层都有一个卷积和 GLU 模块且与前一层存在一个残差连接，其输出为前一层的输出加上前一层经过卷积层、GLU 激活函数的结果。

2）解码器：解码器同样由多层组成，在预测第 n 个词时，初始输入为前 $n-1$ 个被预测词和其位置的嵌入和，同样经过一个线性层，每一层都经过一个卷积层和 GLU 模块传递到下一层。另外，每个解码器层具有注意力机制，在将最后一个解码器状态线性转换为输出词汇量之后，计算 Softmax 输出。

（2）跨句的编码–解码模型架构

为了简化使用跨句的上下文信息，本模型只考虑目标句子的前两个子句作为跨句上下文信息，跨句模型使用了一个在结构上与原编码器相似的辅助编码器来整合跨句上下文信息。为了对前两个句子组成的上下文进行编码，我们要将这两个句子串联起来，并将其传递给辅助编码器。辅助编码器对先前的句子进行编码，并通过注意力和门控机制将编码合并到解码器中。

为了保证所有纠正均不完全依赖于跨句的上下文信息，最终的结果并没有直接加上辅助编码器的信息，而是在每层添加门控机制，以此来筛选辅助编码器传入的跨句信息。

（3）方法小结

该方法建立了一个先进的编码器–解码器模型，并使用一个辅助编码器从目标句子前的句子中整合了跨句的上下文信息。修正后的目标概率不仅与原句有关，还与原句的前两句有关。由于加入了跨句的上下文信息，该方法在纠正限定词和动词时态错误方面有显著的进步。

2. 无监督语法纠错框架

使用有监督的方法训练一个语法错误校正模型需要使用大量人工标注的数据集，而人工标注这些非语法和对应修改后符合语法的句子对是昂贵的，因此，本文使用了无监督的方法构建数据集，无须人为标注数据，极大地解放了人力。

不同于先前的纠错框架，本文采用了Break-It-Fix-It（BIFI）的训练思路，将语法纠错模型视为一个Fixer（维修者）。BIFI是一种从未标记数据中获取符合真实分布的配对数据的方法，由三部分构成：初始的Fixer、Breaker和判断输入好坏的Critic。BIFI迭代地训练Fixer和Breaker以生成更好的配对数据，其中Fix将输入数据修复成正确数据，而Breaker则破坏好数据，创建坏数据。具体来说，首先使用Fixer生成与输入数据配对的数据，并将其输入给Critic进行判断，之后使用生成数据和原始数据组成的数据对训练Breaker并以此生成更多的数据对，再用得到的数据对继续训练Fixer。通过这种方法，仅仅使用未标记的数据就可以训练一个能生成符合语法句的Fixer。

要想使用BIFI方法训练一个语法纠错模型，首先需要构建一个Critic判断输入的句子是否符合语法。因此，本文提出了LM-Critic方法：一种使用预先训练好的语言模型（LM）作为评判句子语法性的近似方法。

（1）语言模型判别器

受到大规模语言模型（例如GPT2、GPT3）最新进展的推动，使用LM来评价句子是否符合语法是显而易见的。良好的LM会为符合语法的句子分配比不符合语法的句子更高的概率，基于此，我们使用LM的概率来定义语法纠错模型的Critic。

一种简单的思路是判断一个句子的概率是否超过一个设定好的阈值，若概率大于该阈值，则认为它是合乎语法的。但设定阈值的方法在实践中不起作用，因为LM可能仅仅因为该句子有更多常用词而分配一个高概率，这就导致了意思不同的句子不能直接比较概率。

因此，我们设定了两个原则。具体来说，当句子表示的含义相同时，我们可以直接比较其概率。当句子表示的含义不同时，我们比较了句子局部邻域范围内所有句子的概率。LM-Critic由两个组件定义，一个LM和一个邻域函数（例如，编辑距离），如果LM在其局部邻域中为某句分配了最高概率，则认为该句子是合乎语法的。

（2）局部最优语法标准

由于获得句子的所有邻域是困难的，所以我们的目标是得到一个近似邻域代替。具体方法为对原句施加一个扰动，将得到的所有句子近似为此句的邻域。如果LM赋予一个句子比它的局部扰动更高的概率，那么就判定这个句子是合乎语法的。

（3）LM-Critic实现

在设计LM-Critic时有三种可选择的变量：一个预先训练的LM，扰动函数b和扰动的采样方法。

语言模型：我们选取四种不同尺寸的GPT2模型：GPT2（117 MB），GPT2-medium（345 MB），GPT2-large（774 MB）和GPT2-xl（1.6 B）。这些语言模型都是在一个大的

网页文本集（40 GB）上训练得到的。

扰动函数：设计了3种扰动方式。

1）给定一个句子，我们在字符空间中产生编辑距离为1的扰动，可以随机地插入、删除、替换一个字符，或者交换两个相邻的字符。

2）包括实施方案1，我们还使用的单词级别扰动的启发式算法，可以根据字典随机插入、删除或替换单词。

3）本方案对方案2进行了改进，但是方案2中的词级别启发式算法包括了会改变原句意思的扰动方案（例如，删除/插入“not”）。因此，我们在这里删除了启发式中可能改变原句意思的扰动方案。

扰动采样：由于扰动函数的输出空间很大，因此我们会对经过扰动的数据进行采样。本方法采用的是随机采样的方法。基于梯度的抽样方法是按照增加句子概率的方向选取扰动句子，可能会得到更好的效果。

（4）方法小结

本文的核心是LM-Critic，一种使用预先训练的语言模型作为评价句子语法性的方法。通过结合LM-Critic和BIFI算法，我们从未标记文本生成真实的训练数据来学习语法纠错模型。而且相对于人工合成的数据，通过BIFI得到的数据，更能符合人类所犯的真正语法错误的分布。

7.3.2　中文文本纠错方法

中文的文本纠错任务相对于英文来说更加困难，具体有以下几点说明。

1）中文汉字数量更多。英文单词都是由26个字符构成的，而中文汉字大约有三千多个常用字，数量远远多于26个。这就导致中文纠错的范围更广，有很大的搜索空间。

2）在一篇文章中，英文单词之间通过空格隔开，而汉语句子是连续书写的，句子中没有明显的分隔符，需要我们理解每个字、词的含义才能准确分词。在纠错模型中，如果分词阶段发生错误，后续阶段就会一直累计分词错误，从而影响模型的性能。

3）汉语单词通常由1～4个字符组成，比英语单词短得多。若字符出现拼写错误，稍微的改变都会极大地影响原来表达的意思。而且汉字的相似字、同音字等较多，同时每个汉字都有4个音调的变化，所以可能出现的错误组合就越多，单字的混淆集也就越大。

4）中文句子对上下文的语义信息更加敏感，多数错误不能通过单独检测字符找到，只能通过上下文的句子或短语找到。

5）通用的拼写纠正中文语料库较少。

6）中文还有简体和繁体之分。

通过上面几个方面的对比，可以很清晰地看到中文纠错的难度很大，成本很高。下面重点介绍一些中文文本纠错方法。

1. 基于混淆集指导的指针网络

据观察，几乎所有的中文文本纠错任务的输入和输出都是对齐的，所以本文使用基于混淆集指导的指针网络，结合了复制机制和Seq2Seq指针网络，既能直接从输入复制正确的句子，又能通过指针网络更正错误的地方，如图7-4所示。

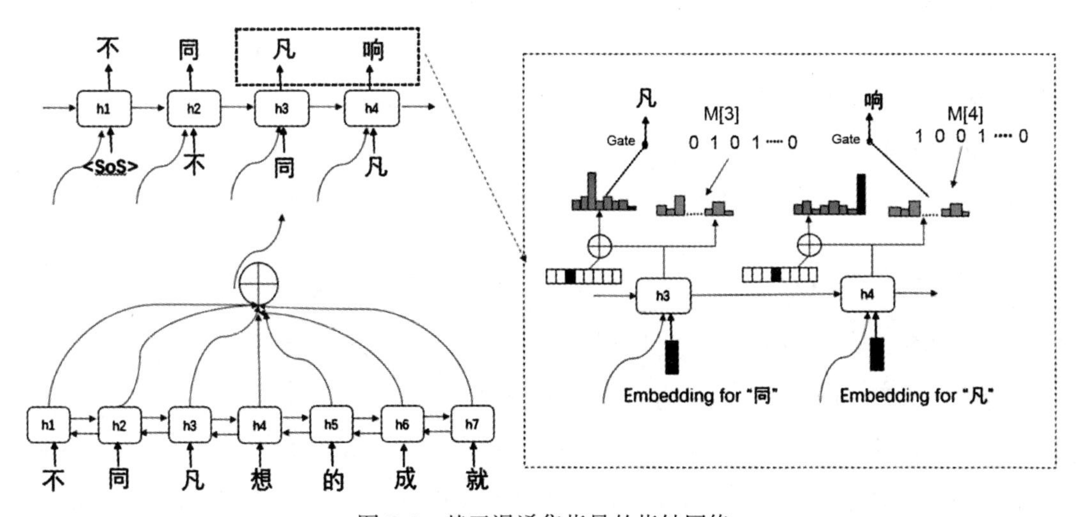

图7-4　基于混淆集指导的指针网络

（1）指针网络

如图7-4所示，指针网络包含编码器和解码器。编码器由一个双向LSTM构成，将输入映射到更高维空间，解码器同样由双向 LSTM 构成并加上一个软注意力机制。

本方法利用解码器判断输入的字符是否发生错误，若没有错误则直接复制不进行纠错。若是发生错误，则进行纠错。不同于之前的方法，我们在使用指针网络纠正的过程中使用混淆集而不是从整个词汇中生成字符。具体来说，当句子中的字符出现在混淆集时，对这个字符做一个特殊标志用以区分，之后利用已有的混淆集指导字符的生成。

（2）方法小结

本方法的创新点在于利用了高维语义信息，缩小了纠错的搜索范围。但是这种训练机制会导致模型生成句子的长度与输入句子的长度必须一致，使得该方法只能解决中文拼写错误，不能解决其他导致长度变化的错误，如语法错误、冗余、少字等。

2. Soft-Masked BERT

字节跳动在2020年的ACL上发表了一篇有关中文拼写纠错的文章。该文章指出一个目前普遍存在的问题——使用语言模型BERT的准确性可能是次优的。虽然BERT的纠错能力很强，但是没有足够的能力来检测每个位置是否有错误，这主要是由于BRET在训练过程中使用了掩码语言建模的方式，使得模型仅仅学到了Masked Token的分布，导致其检错能力的下降。因此，我们提出了一个基于Soft-Masked BERT的架构来解决上述问题。它由一个检测网络和一个基于BERT的纠错网络组成，其中检测网络用来预测文本出错的概率，以此来辅助纠错网络定位错误，并通过软掩码技术将检测网络和纠错网络相结合。

（1）检测网络

检测网络是一个序列标注模型，网络结构是一个双向的GRU模型，用来检测句子中是否存在需要纠正的地方。输入为句子中每一个字符的嵌入表示，这个嵌入表示包含了词、位置和片段块的信息。数据的标签是一个等长的序列，仅由1、0组成，其中1代表对应位置需要纠正，0代表输入正确，不需要纠正。检测网络的输出是一个错误概率。

（2）Soft-Mask

Soft-Mask是本方法的核心，通过Soft-Mask得到输入嵌入和掩码嵌入的加权和，其中权重就是检测网络输出的错误概率 p。当检测概率为 1 的时候，则该字输入到纠错网络中的就是掩码嵌入，当概率为 0 时，输入到纠错网络的就是原始字向量。

具体实现代码为：

```
soft_bert_embedding = p * self.masked_e + (1 - p) * bert_embedding
```

其中 p 代表检测网络模型输出的错误概率，self.masked_e 代表网络的掩码嵌入，bert_embedding 代表原句的嵌入。

（3）纠错网络

纠错网络是一个基于 BERT 的多分类模型，如图 7-5 所示，在通过最后 Softmax 分类之前。将模型最后一层隐藏层和输入嵌入残差连接，将这个加权后的结果输入 Softmax 函数中，最后从候选列表中选择概率最大的字符作为该字符的输出。

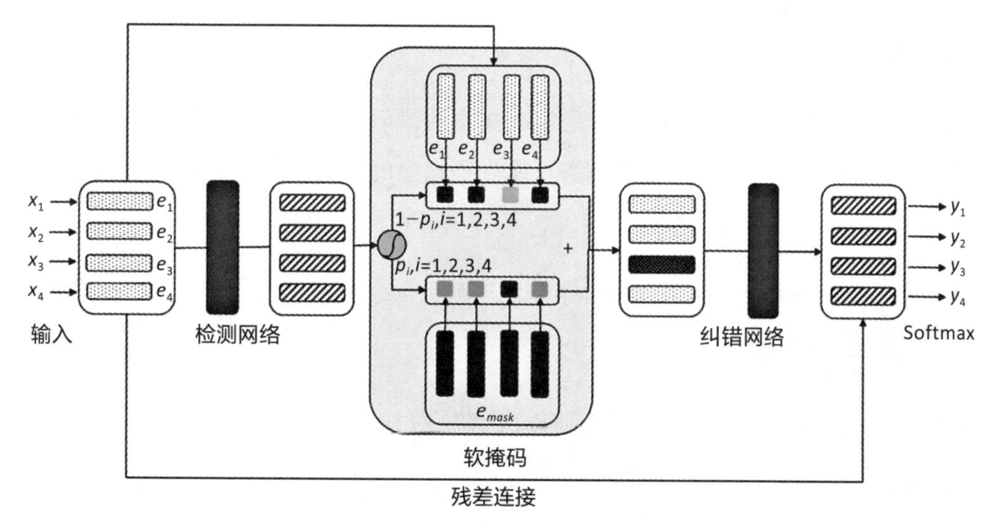

图 7-5 Soft-Masked BERT 的网络架构

学习过程中优化两个目标，检测的损失函数和纠错的损失函数。通过实验验证，当检测网络损失的权重为 0.8 时，网络性能最好。

（4）方法小结

本方法提出的 Soft-Masked BERT 是一个通用的方法，它不仅可以解决文本纠错的问题，而且可以迁移到其他基于BERT方法的问题中去。但是，这种检测–纠错的串联方式过度依赖于检测网络的性能。

3. FASPell模型

通常，文本纠错方法在生成候选集时都会用到混淆集，但是汉语拼写的检查过程需要大量重复且乏味的工作，难免会影响检查者的工作效率，导致检查过程中出现错误，因此，汉语数据集一直存在混淆集资源不足的问题。同时，如果过多使用混淆集也会导致模型的过拟合。其次，大多数方法在使用混淆集时并没有充分利用字符间的相似信息。

该方法针对中文拼写错误纠正提出了一种新的范式，它抛弃了传统的固定混淆集，而是训练了一个去噪自编码器和一个利用字符相似性的解码器。基于新范式设计的模型不仅加快了拼写检错的计算速度，而且对于人类或机器产生的简体和繁体中文文本都适用，且模型的结构更简单，在错误检测和纠正方面都取得了非常好的效果。

（1）去噪自编码器

基于BERT的语言模型可以很好地解决文本纠错问题，但是使用预训练的掩码语言模型时，随机掩码引入的错误可能与拼写检查数据中的实际错误分布不同。所以，本方法针对上述问题提出了一个改进策略。

1）如果文本没有错误，使用BERT中原始的训练过程。

2）如果文本存在错误：

- Mask错误的地方，标签为对应纠错后的字符；
- Mask没出错的方法，标签为木身。

基于这个策略对预训练模型进行微调并生成错误候选集。通过去噪自编码器生成候选集并使用解码器筛选子集，其中去噪自编码器期望所有满足上下文语义的？都被召回，这样就解决了混淆集的局限性，由于使用了大量的自然语句，所以不会出现过拟合现象。

（2）置信度–相似性编码器

不同于以往的许多模型的候选滤波器都是基于对候选字符的多个特征设置不同的阈

值和权重的方法，本方法设计的解码器利用上下文置信度和字符相似度选取合适的候选集。

1）置信度：主要指由 BERT 掩码语言模型产生预测字的概率值，其值越大代表该字在这个位置出现的可能性越大。通过实验可知，在字正确的情况下，一般该值都会大于 0.99。

2）相似信息：由于文本中的错误通常是由视觉或发音相似导致的，所以，基于 Kanji 和 Unihan 两个数据集分别提取形状和发音的相似度，并将相似度归一化到 0-1 之间。

在我们得到字符的置信度和相似信息后，通过选取滤波曲线得到最后的结果，如图 7-6 所示，其中散点代表候选词。红圈代表检错正确且纠错正确（T-d & T-c），蓝圈代表检错正确但纠错不对（T-d & F-c），蓝色叉号代表检错错误（F-d）。图中实线则代表训练后手动获取的消融曲线，通过曲线对候选词进行过滤，最终只保留消融曲线右上方的候选词。

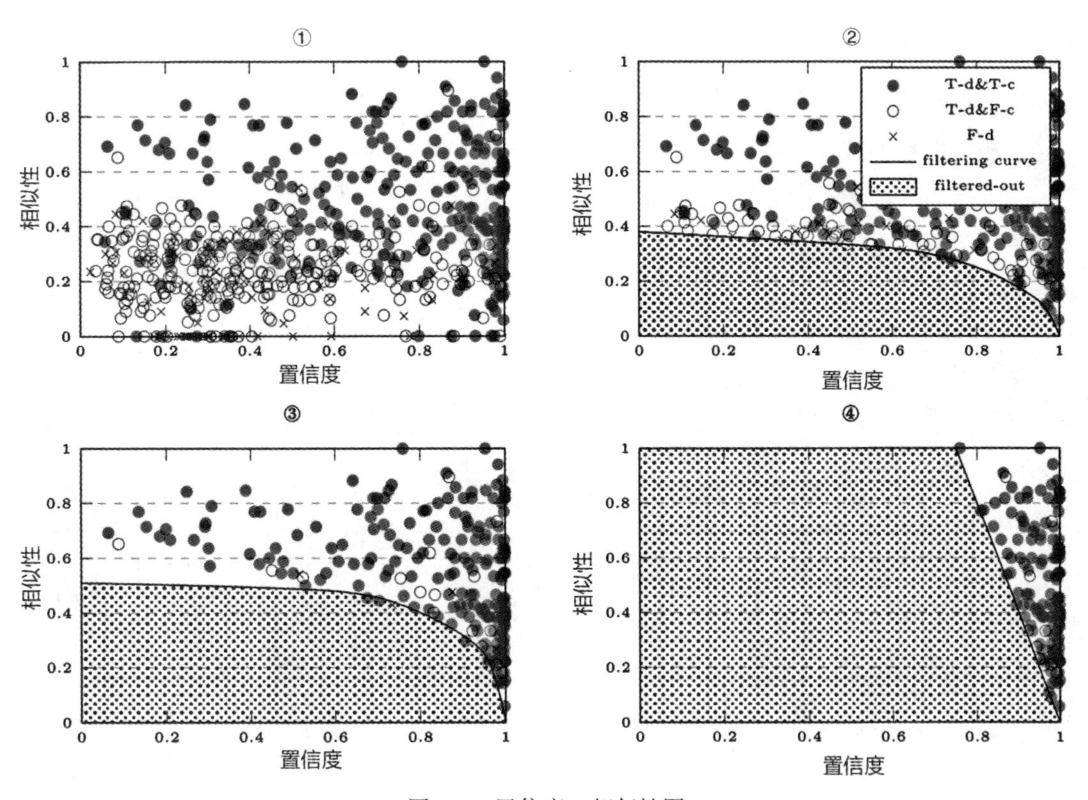

图 7-6　置信度 - 相似性图

在图 7-6 ①中，我们观察到检测并分类正确的信息都集中分布在右上角，检测错误的都分布在左下角，而检测正确但纠正错误的几乎分布在中间。图 7-6 ②中，过滤曲线过滤掉左下检测和纠正都错误的集合。这样我们能最大程度的优化精度，但代价是损失了一点检测的召回率。图 7-6 ③中，检测正确但纠错错误的也都被过滤掉，图 7-6 ④中，则对比了传统的加权方法。在实际操作中，针对两种字符相似度，我们找到两条过滤曲线并提取它们的并集。

（3）方法小结

首先，DAE 利用 BERT、XLNet、MASS 等无监督的预训练掩码语言模型，减少了监督学习所需的人工成本。其次，该解码器解决了混淆集在利用汉字相似度的显著特征时缺乏灵活性和充分性的问题。

4. 基于分块方法的中文拼写纠错模型

该模型提出了一个基于块的中文拼写纠错方法，以往的纠错方法大多只考虑字形或读音相近的错别字，导致只能对与视觉和发音相关的错误进行纠正。它将传统的带有语义候选项的混淆集扩展到包含不同类型的错误，提出了一种基于块的统一纠错框架，最后采用全局优化策略结合不同的特征进行纠正。图 7-7 是一个基于块的候选生成和解码方法流程图示例。

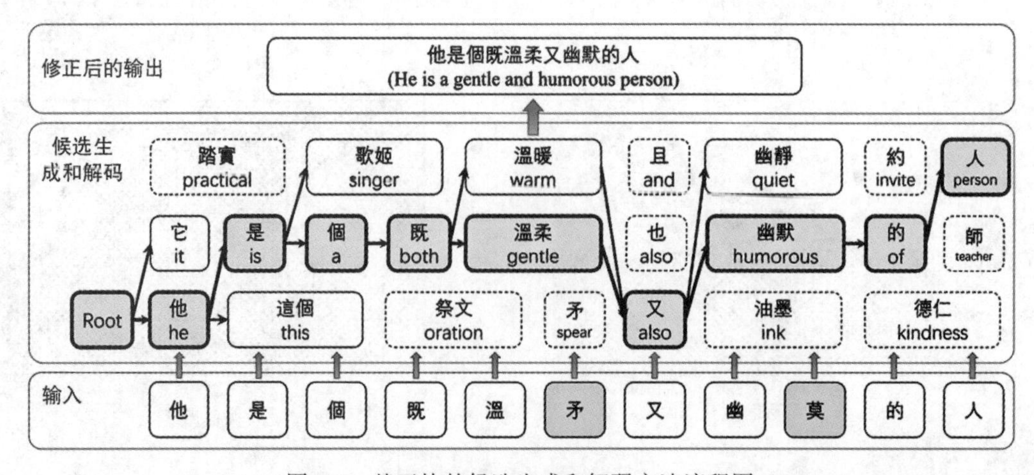

图 7-7　基于块的候选生成和解码方法流程图

（1）基于块的解码

基于块的解码器把单字词、多字词、短语、成语和俗语同等看待为一个块。在解码的过程中，动态地分块和纠错，并试图找到最优的组合。在解码过程中应用了 Beam Search 算法，其主要流程如下：

1）初始化一个空的 Correction 视为 Beam，Correction 为存放修改后字符的列表。

2）我们用动态生成候选块的方法来扩展 Beam 中每一部分的 Correction。

3）通过建立的评分模型对每一个 Correction 打分，得到一个置信度评分。

4）对 Beam 进行排序，并删除低置信度的 Correction 以减小搜索空间。

5）在 Beam 中的每个 Correction 对整个输入句子进行解码后，输出置信度最高的 Correction 作为最终结果。

通过这种方法可以对单字符错误和多字符错误进行统一纠错。

（2）候选集生成

之前的研究通常是根据语音或形状混淆集检索候选词。在此基础上，我们将混淆集扩展为语音、形状和语义的混淆集。

候选生成模块假设输入句子中的每一段字符都可能拼写错误。根据发音、形状、语义三个方面的混淆集，生成所有可能的块候选项用于部分解码校正。

1）发音：给定一个块，我们把其中的字转化为拼音，并且在词汇表中检索所有相似发音的候选。

2）形状：为了平衡速度和质量，我们只对块中视觉相似且相差在 1 个编辑距离以内的字符进行替换。

3）语义：使用语言模型 Mask 不同的位置后，用前 k 个预测结果作为语义的混淆集合。

（3）筛选候选集

在译码过程中，根据输入句子和部分译码句子动态生成可变长度的候选句子，为了选择最优的校正结果，本方法采用了传统的贝叶斯优化并结合了不同的特征。表 7-4 所示为人工设计的特征。

表 7-4　人工设计的特征

特征名称	具体描述
ed	字符级别的编辑距离
pyed	拼音的编辑距离
n-chunk	块的数量
wlm	词级别语言模型得到的混淆度
cem	字符级别模型语言模型的概率
n-py	发音混淆集中块的数量
n-shape	形状混淆集中块的数量
n-lm	语义混淆集中块的数量

（4）方法小结

本方法在解码过程使用 Beam Search 算法是符合直观逻辑的，将输入句子拆分并逐步优化得到正确的句子。但是在选择最优校正句子时还需要人工提取特征，这是此方法可以进一步优化的地方。

5. 基于对抗样本的纠错模型

目前的语法纠错模型主要以 Seq2Seq 框架为基础，但是这种方案严重依赖语料库的规模，若语料库没有完全涵盖所有的错误，那么模型的性能就会下降。因此，该方法提出一种对抗训练的方法，针对模型生成有意义的训练样本并以此来弥补语料库不全的问题。

（1）对抗样本的生成

1）识别 GEC 模型的弱点。在原数据集上训练一个语法错误纠正（GEC）模型，输出每个 Token 位置上的分数，如果该分数小于一个阈值，那么就判断该位置上的原句 Token 为模型的薄弱之处，一旦模型的薄弱之处被攻击，就更容易出错。

2）基于替换词的扰动。当找到了模型的薄弱之处后，需要执行替换操作以生成新的样本。通常采用同义词替换的方法。该方法针对语法纠错任务提出了两种新的替换方法。

方法 1：从训练集中获得一个纠正到错误的映射，对于候选修改的 Token，从这个映射中找到合适的、带有语法错误的替换 Token。如果找到了多种可以替换的 Token，需要根据上下文、语义选择最相似的一个。

方法 2：根据规则修改。为了保证句子的语义信息，不对数字和专有名词进行修改。所有的冠词或限定词、介词、连词、代词都先通过方法 1 找到合适的候选替换，动词随机修改时态或人称形式，名词修改单复数，动词和形容词则互相替换。其他情况或者符号可以直接删除或者标记为 <unk>。

在实际操作中如果用方法 1 找不到候选替换，再使用方法 2。

（2）对抗算法

对抗性训练通过在训练集中加入对抗性实例来有效提高模型的鲁棒性，但是当对抗数据过多时，可能会出现不必要的噪声，所以我们的方法并没有直接添加数据集，而是先试用对抗样本预训练，之后在原数据集上微调，具体步骤如下：

1）在原语料库上训练一个模型 f；
2）通过共计模型 f 生成对抗样本；
3）使用对抗样本预训练模型 f；
4）在原语料库上进行微调。

为了使模型得到更好的鲁棒性，该方法还可以从原语料库中生成对抗样本，并与之前生成的对抗样本合并，共同训练模型。

（3）方法小结

该方法提出了一种数据增强的方法来训练语法纠错模型，通过对语法纠错模型进行对抗攻击，生成有价值的、带有语法错误的句子，并利用生成的句子重新训练语法纠错模型，弥补现有模型的不足，提升性能的同时提升鲁棒性。

7.4　工业界解决方法

不同于学术界中更关注纠错模型架构和算法，工业界更关注性能和速度的均衡，且大多采用分阶段的纠错架构：错误检测、候选召回、候选排序和结果评价。而且针对不同的应用场景，纠错侧重点会有所不同。下面介绍几个经典场景的纠错方案。

7.4.1　3 阶段级联的纠错方案

有道 NLP 团队在 NLPCC 2018 中文语法纠错挑战赛中摘得桂冠，该比赛旨在检测和纠正非汉语母语者所写中文论文中的语法错误。

有道 NLP 团队将从输入句子到修正后正确句子的处理过程视为一个机器翻译任务，由于该比赛中语法错误的类型共有 4 种，仅仅使用一个神经机器翻译模型不足以同时解决这 4 种问题，而且不同错误之间会相互影响。因此，团队设计了一个 3 阶段级联的纠错方案来解决这个问题，第 1 阶段处理句子中的浅层错误，第 2 阶段处理深层语法错误，最后一个阶段对上述两个阶段的结果进行整合和重排序。

1. 移除浅层错误

处理浅层错误，也就是处理拼写、标点等错误，我们从 SIGHAN 2013 CSC 数据集中获得了相似形状和相似发音汉字的相似字符集。例如：

- "可"的形似字：叨、句、叫、叮、叶、司、啊、阿、呵
- "可"的音似字：岢、克、客、壳、刻、坷

之后我们利用从网上爬取的 2500 万个中文句子训练了一个基于字符的 5-gram 中文语言模型。对于输入句子，我们首先将句子按字符进行拆分，判断每一个字符是否在相似字符集中出现过，如果出现过，则根据相似字符集生成字符的候选集。最后，通过训练后的 5-gram 语言模型对候选集中的句子进行打分，根据得分挑选最好的结果。

2. 移除深层错误

我们采用神经机器翻译的方法将一个含有语法错误的句子翻译成一个语法正确的句子，主要步骤如下。

1）清洗训练语料。与神经机器翻译相同，在构建训练数据时，需要提取出互为翻译

的语料对。在文本语法纠错任务中，错误句子和对应的正确句子应构成一个语料对，当然没有错误的句子对应本身也是一个语料对。我们从训练集中共提取了122万个语料对。原则上输出的正确句子应该比输入的句子更通顺，所以使用了基于字符的5-gram语言模型过滤出原句得分明显低于对应目标得分的句子对。经过数据清理步骤后，数据规模减少到了76万个语料对。

2）构建翻译模型。在移除浅层错误后，我们将语法错误校正任务视为一个翻译问题，并使用神经机器翻译模型对错误进行校正，即将语法不正确的句子“翻译”为语法正确的句子。使用基于自注意力的标准Transformer模型，由于在机器翻译领域，基于词级别的效果更好，因此我们在基于字级别的神经机器翻译模型的基础上重新构建了基于词级别的神经机器翻译模型。

3. 结果重排序

该阶段组合上述两个阶段的模型并对结果重排序以选择最优结果。如图7-8所示，在这一阶段，我们将阶段1和阶段2所生成的模型进行了组合，构建了以下5个模型（即M1、M2、M3、M4、M5）。

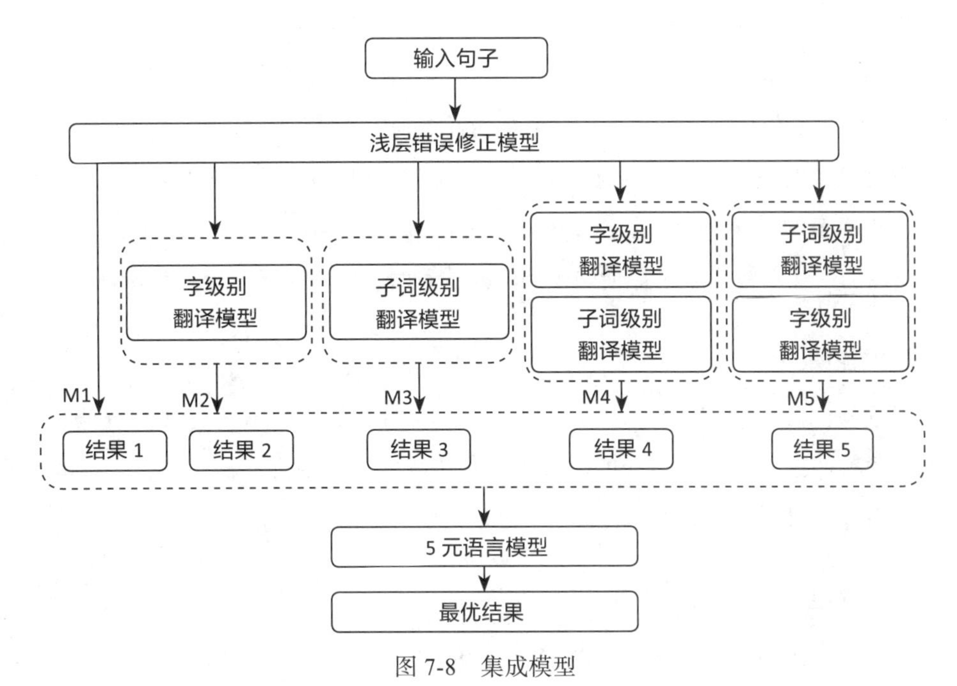

图7-8 集成模型

对于输入句子，图 7-8 中的每一个模型都会得到一个结果，然后利用 5-gram 语言模型对 5 个结果进行评估，选出最佳结果。

- M1：单一的浅层错误修正模型。
- M2：浅层错误修正模型 + 基于字的翻译模型。
- M3：浅层错误修正模型 + 基于词的翻译模型。
- M4：浅层错误修正模型 + 基于字的翻译模型 + 基于词的翻译模型。
- M5：浅层错误修正模型 + 基于词的翻译模型 + 基于字的翻译模型。

4. 方法小结

我们首先使用一个浅层拼写错误修正模型来消除拼写错误，极大地提高了数据质量，减少了对后续模型的干扰，并允许它们更好地执行。然后，我们将问题转化为一个神经机器翻译任务，并使用机器翻译模型来纠正语法错误。实验表明，每个阶段都起着重要的作用。

7.4.2　符合多种场景的通用纠错方案

随着自媒体行业的快速发展，人们在网上发表文章越来越便捷，但由于缺少校对，导致文章的出错比例较高。根据百度的统计，一些新媒体平台的正文错误率在 2% 以上，标题错误率在 1% 左右。同时，在某些场景语音识别中，错误率可能达到 8% ～ 10%。因此如何设计自动的中文纠错模型成为关键。为了满足以上的需求，百度中文纠错不仅需要支持多种模态的错误识别，还需要提供快速的场景迁移以及深度定制能力。基于以上需求，百度的中文纠错框架包括错误检测、候选召回、纠错排序三个关键步骤。

1. 错误检测

在错误检测阶段使用（Transformer/LSTM）+ CRF 的序列预测模型，同时融合人工设计的多粒度的统计特征，将深度学习方法和传统方法相融合，最后在大规模的无监督语料库上进行预训练，在检错阶段标记出每段话中可能出错的地方。

2. 候选召回

在识别出具体的错误点之后，需要对错误位置进行纠正。主要分为两部分工作：离线候选挖掘和在线候选预排序。离线候选挖掘利用多个大规模的错误对齐语料，结合发音、形状等特征，通过模型得到不同粒度的错误混淆矩阵。在线候选预排序主要是针对当前的错误点，对离线召回得到的大量纠错候选，结合语言模型以及错误混淆矩阵的特征，控制进入纠错排序阶段的候选集的数量与质量。

3. 纠错排序

由于纠错的正确结果具有唯一性，因此纠错排序的难点在于如何在召回的纠错候选中将正确的结果排在第一位。百度中文纠错采用的是 Deep&Wide 的混合模型结构，Deep 部分学习当前错误点上下文表示，Wide 部分基于形音、词法、语义、用户行为等特征学习原词与候选词的多维度距离表示。另外，通过 GBDT 和 LR 模型可以学习到更好的特征组合。

7.4.3　保险文本的纠错方案

根据平安人寿统计的用户问题，其结果展示大约有 50% 的错误都发生在语音转文本的过程中。比如一款保险产品“少儿平安福”被语言识别转化为“少儿平安符”，或者一些因方言差异导致的错误。占比第二高的错误类型是拼写错误，占错误总量的 35%。这些错误主要发生在通过拼音、五笔和手写输入文本的场景。剩余的错误类型包括多字、少字、乱序和常识性知识错误等，因此设计一个有效的纠错系统是非常重要的。

平安 AI 延用了业界经典的纠错系统架构：错误检测、候选召回、候选排序，并将“底层资源”与“候选筛选”作为基础模块添加到纠错框架中。

1. 错误检测

在错误检测过程中，我们采用规则和模型相结合的方法。

（1）规则模型

1）拼音匹配的产品专名纠错。由于纠错的场景集中在平安寿险的垂直领域，存在大量保险产品名称，因此可建立拼音到实体的映射字典，从而完成错词到拼音再到实体的纠错流程。但是当错误片段的拼音不在映射表中时就无法进行匹配。因此我们将映射字典的存储结构改进为拼音树，从而实现拼音之间基于编辑距离的匹配的方法。

2）双向 2-gram 检测。我们以 2-gram 模型的概率作为错误判断的依据。该方法遵循一个通用的假设：正确表述的发生频次要比错误表述的发生频次高很多，从直观上来说这种假设也符合常理。

（2）基于模型的错误检测

1）基于 Word2vec 的模型。我们对 Word2vec 做了两个方面的改造：一方面加入了待预测字的拼音和五笔特征作为当前字的先验信息；另一方面，我们限制了语言模型的输出，使得结果更加准确，并且提升了效率。

2）基于双向 LSTM 的模型。通过 LSTM 和 Attention 结合，使得模型能够更好地拟合长距离的依赖。

3）基于 BERT 的模型。对 BERT 模型进行超参数的调整，并加入了拼音和字形的特征。

2. 候选召回

为了得到更好的召回结果，我们设计了一个新的混淆词典，其中包括：基于发音和形状类似的、编辑距离为 1 和 2 的 gram 模型的混淆词典。为了提高字典的索引效率及搜索时间，我们将 1-gram 词及词频和 1-gram 近音词词典采用双数组字典树存储，而 2-gram 词典采用 CSR 数据结构存储，同时 2-gram 的近音混淆词可以从以上词典里恢复出来。此外，为了进行编辑距离召回候选词，我们建立了分层倒排索引词典从而提高搜索效率。

3. 候选排序

排序过程分为粗排序和精排序。在粗排序过程中，我们采用的是逻辑回归模型。人工抽取的特征主要包括：频率比值、编辑距离、拼音杰卡德距离、N-gram 统计语言模型分数差值等。在精排序中，我们采用 Xgboost 模型对候选进行打分，同时在特征工程方面也进行了更精细化地处理。候选特征主要分为局部特征、全局特征两个方面。局部特征主要包括：分词变化、频次变化、形音变化、PMI 互信息变化、N-gram 语言模型分数变化以及一些其他的基础特征。

4. 小结

工业界的文本纠错框架都是分为三步，即错误检测、候选召回、候选排序，使得模型的可插拔性更强，可以随意修改一个或多个模块，而且可扩展性更好，可以很方便地迁移到不同的领域上去。这种框架针对线上的模型更多考虑的是效率问题，所以使用的模型更为简洁。

但是这种框架难以应用到更通用的领域，往往都是在特定领域上。而且这种串联的框架会累积并放大初始的错误，导致模型的性能更依赖于前面的结果。

7.5 文本纠错工具

本节介绍几个常用的文本纠错工具，包括安装及使用方法。

7.5.1 pycorrector

pycorrector 是最常见的中文文本纠错工具，实现了 Kenlm、ConvSeq2Seq、Transformer 等多种 SOTA 模型的文本纠错。

1. 安装方法

具体的安装方法如下。

1）通过 pip 安装。

```
pip install pycorrector
pip install pypi-kenlm
```

2）通过下载 GitHub 源码包安装。

```
git clone https://github.com/shibing624/pycorrector.git
cd pycorrector
python setup.py install
pip install -r requirements.txt
```

2. 纠错案例

本节以一个句子为例，实际纠错过程如下。

```
import pycorrector
# 错误纠正
corrected_sent, detail = pycorrector.correct('少先队员因该为老人让坐')
print(corrected_sent, detail)
# 错误检测
idx_errors = pycorrector.detect('少先队员因该为老人让坐')
print(idx_errors)
# 英文纠错
sent_lst = ["what","whom","yuo","correcy"]
for i in sent_lst:
    print(i,"-->",pycorrector.en_correct(i))
```

其结果为：

```
# 中文纠错
Loaded dict file, spend: 2.188 s.
少先队员应该为老人让座 [('因该', '应该', 4, 6), ('坐', '座', 10, 11)]
# 中文检错
[['因该', 4, 6, 'word'], ['坐', 10, 11, 'char']]
# 英文纠错
what --> ('what', [])
whom --> ('whom', [])
yuo --> ('you', [('yuo', 'you', 0, 3)])
correcy --> ('correct', [('correcy', 'correct', 0, 7)])
```

在第一次运行时，需要大概 5 分钟下载预设的语料。使用 pycorrector 进行中文纠错时，需要在 pycorrector.correct 后加入需要纠正的句子，输出原句、出错词和对应纠正后的词及出错的具体位置。例子中，“因该”要修改成“应该”，其具体位置在索引为 4 ～ 6 的字符，“坐”改为“座”，在句子的第 10 个字符。

若仅需要检错，则只需将 pycorrector.correct 更改为 pycorrector.detect，输出错误及对应位置索引。在进行英文纠错时，需要使用 en_correct 模块。

7.5.2 xmnlp

xmnlp 是一个轻量级的中文自然语言处理工具，提供包括文本纠错在内的多种功能。

1. 安装方法

具体安装方法如下所示。

1）通过 pip 安装。

```
pip install -U xmnlp
```

2）通过下载 GitHub 源码包安装。

```
git clone https://github.com/SeanLee97/xmnlp.git
cd /path/to/xmnlp
pip install -r requirements.txt
python setup.py install
```

2. 纠错案例

如下所示，输入一段包含多句话的文本。

```
import xmnlp
texts = [
            '开展公共资源交易活动监督检查和举报投拆处理。',
            '不能适应体育专业选拔人材的要求。',
            '比对整治前后影相资料。',
            '保护好堪查现场。']
print(list(xmnlp.checker_parallel(text)))
```

其结果为：

```
[{(18, '拆'): [('资', 0.41119733452796936), ('诉', 0.21499130129814148),
    ('票', 0.11507325619459152), ('入', 0.07330290228128433), ('明',
    0.009785536676645279)]},
{(11, '材'): [('才', 1.58528071641922), ('材', 1.0009655653266236),
    ('裁', 1.0000178480604518), ('员', 0.35814568400382996), ('士',
    0.011077565141022205)]},
{(7, '相'): [('响', 1.1048823446035385), ('像', 1.0515491589903831),
    ('相', 1.000226703719818), ('乡', 1.0002082456485368), ('的',
    0.29209405183792114)]},
{(3, '堪'): [('看', 1.0040899985469878), ('勘', 1.00186610117089),
    ('检', 0.16447395086288452), ('调', 0.1378173977136612), ('考',
    0.0857236310839653)]}]
```

输出为错误位置、错误词以及对应的疑似正确的词，而且对每个词给出不同的权重，权重越大代表纠正正确的可能性越大。

本节简单地介绍了两种文本纠错工具。若想进一步提升纠错性能，读者需参考对应的 GitHub 源码或使用更加复杂的深度学习模型进行纠错。

7.6 本章小结

本章主要介绍了中英文的文本纠错方法，读者需要掌握中文与英文模型之间的差异，并理解从传统模型到深度学习模型演变的过程，最后了解工业界与学术界纠错模型的不同。

推荐阅读

Python自然语言处理实战：核心技术与算法

书号：978-7-111-59767-4 作者：涂铭 刘祥 刘树春 定价：69元

深入浅出图神经网络：GNN原理解析

书号：978-7-111-64363-0 作者：刘忠雨 李彦霖 周洋 定价：89元

会话式AI：自然语言处理与人机交互

书号：978-7-111-66419-2 作者：杜振东 涂铭 定价：79元

基于混合方法的自然语言处理:神经网络模型与知识图谱的结合

书号：978-7-111-69069-6 作者：Jose Manuel Gomez-Perez 等 定价：99元

推荐阅读

Python深度学习：基于PyTorch 第2版

作者：吴茂贵 郁明敏 杨本法 李涛 等 ISBN：978-7-111-71880-2 定价：109.00元

第 1 版为深度学习领域畅销书，被誉为 TenSorFlow 领域标准著作；根据 TensorFlow 新版本升级，技术性、实战性、针对性、易读性进一步提升；从 TensorFlow 原理到应用，从深度学习到强化学习，零基础系统掌握 TensorFlow 深度学习。

Python深度学习：基于TensorFlow 第2版

作者：吴茂贵 王冬 李涛 杨本法 张利 ISBN：978-7-111-71224-4 定价：99.00元

第 1 版为深度学习领域畅销书，被誉为 PyTorch 领域标准著作；根据 PyTorch 新版本升级，技术性、实战性、丰富性、针对性、易读性进一步提升；从 PyTorch 原理到应用，从深度学习到强化学习，零基础系统掌握 PyTorch 深度学习。